全混合日粮混合加工技术及装备研究

王德福　李利桥　著

科学出版社

北京

内 容 简 介

本书以全混合日粮混合加工技术及装备研究内容为主，在概括国内外全混合日粮混合机械进展的基础上，对本书采用的试验日粮中的典型组分的特性进行了测定，并介绍了粗饲料粒度分布、全混合日粮粒度分布与全混合日粮混合均匀度检测方法，进而详细阐述了近年来本课题组在全混合日粮混合加工技术及装备方面的研究成果，以期使读者能对全混合日粮混合加工技术及其混合机械方面的相关知识有一个全面的认识，从而能够根据实际情况进行全混合日粮混合机合理选型以及开展全混合日粮混合加工技术深入研究。

本书可供养畜牧场技术人员、农业工程领域有关人员参考。

图书在版编目（CIP）数据

全混合日粮混合加工技术及装备研究／王德福，李利桥著 . —北京：科学出版社，2019.1

ISBN 978-7-03-059291-0

Ⅰ. ①全…　Ⅱ. ①王…　②李…　Ⅲ. ①混合饲料–饲料加工
Ⅳ. ①S816.34

中国版本图书馆 CIP 数据核字（2018）第 244328 号

责任编辑：李　敏／责任校对：郑金红
责任印制：张　伟／封面设计：无极书装

科学出版社出版
北京东黄城根北街 16 号
邮政编码：100717
http://www.sciencep.com

北京虎彩文化传播有限公司 印刷
科学出版社发行　各地新华书店经销

*

2019 年 1 月第　一　版　开本：720×1000　1/16
2019 年 3 月第二次印刷　印张：13 1/2
字数：261 000

定价：158.00 元
（如有印装质量问题，我社负责调换）

前　　言

　　随着我国畜牧业的快速发展，反刍动物养殖实现了持续增长，并较快地向规模化方向发展。为实现反刍动物养殖业高质、高效发展，全混合日粮饲喂技术得到推广。反刍动物饲养需要优质的粗饲料以及适宜的精饲料，而各种饲料组分相互之间的性质存在较大差异，为实现全混合日粮各饲料组分的均匀混合，需要配套使用全混合日粮混合机。

　　美国、德国、意大利等畜牧业发达国家的企业研究全混合日粮混合机起步较早，产生了许多成熟的理论、工艺及方法，已研制出了单搅龙、双搅龙为主的立式全混合日粮混合机，以及三搅龙、四搅龙为主的卧式全混合日粮混合机等机型，且各机型已趋向于系列化和自动化。我国全混合日粮混合机的研究起步较晚，而且是从以引进的全混合日粮混合机为样机进行改型设计开始的，加之国内生产全混合日粮混合机的企业规模较小，基于全混合日粮混合机的混合机理研究的创新性设计欠缺，对全混合日粮混合机的研发总体上还处于发展阶段。国外全混合日粮混合机的研发基本由企业完成，同时国外学者对全混合日粮混合机进行的研究偏重于机型选择和混合均匀度试验方法等应用性研究，因此国外关于全混合日粮混合机的混合机理和混合性能的详细研究报道和文献资料很少。国内学者对全混合日粮混合机进行的研究集中在已有成熟机型的试验研究上，针对全混合日粮混合机开展的混合机理研究等应用基础研究少。综上可知，我国全混合日粮混合机的研究与开发还较落后，有必要借鉴畜牧业发达的国家的先进经验，对全混合日粮混合机的混合机理进行深入的研究，以促进我国全混合日粮混合机的创新发展。

　　本书首先以美国已有研究为主，介绍了粗饲料粒度分布、全混合日粮粒度分布与混合均匀度检测方法，进而详细阐述了近年来本课题组在双轴卧式全混合日粮混合机、拨板式全混合日粮混合机以及滚筒式全混合日粮混合机的设计、机理分析与试验研究（参数优化）方面的研究成果，以期使读者能对全混合日粮混合加工技术及其混合机械有一个全面的认识，从而促进全混合日粮混合机的研究与应用。

　　由于作者水平有限，书中难免存在不足和疏漏之处，恳请读者批评指正。

作　者

2018 年 7 月

目 录

第一章｜ 概　　论

第一节　全混合日粮混合加工概述

近年来，随着城镇化的加快、居民生活水平的持续提高，中国农业结构战略性调整的步伐加快，畜牧业结构调整力度明显加大，反刍动物养殖实现了持续增长，同时反刍动物养殖业快速向规模化方向发展，其生产呈现出了良好的发展势头。饲料是发展反刍动物养殖业的物质基础，因此，采用优质的精粗饲料以及先进的饲养技术直接影响反刍动物养殖业生产性能的发挥。尤其是建立稳定的、优质的粗饲料生产和供应基地，推广优质的粗饲料加工与利用技术，以及全混合日粮（total mixed ration，TMR）饲养技术，是提高反刍动物养殖业产品产量的关键技术。

一、全混合日粮的主要组成成分

根据日粮中各物料组分的性质，反刍动物所需的日粮通常由粗饲料、精饲料和饲料添加剂组成。日粮组成的多样性，可以发挥不同类型的饲料在营养特性上的互补作用。反刍动物所需的日粮中，粗饲料是指高纤维成分的植物茎叶部分，其在日粮中的比例通常为40%～70%，即粗饲料是反刍动物的重要营养源；粗饲料中有55%～95%的纤维素，通过瘤胃微生物发酵后形成挥发性脂肪酸等产物，其中挥发性脂肪酸是反刍动物能量代谢显著特征的最好体现；目前常用的粗饲料包括青贮饲料、青干草和秸秆饲料，其中的青贮饲料是以新鲜的青绿饲料等为物料组分，切碎后装入青贮窖，在厌氧条件下经过乳酸菌发酵调制保存的饲料，可极大限度地保存物料组分原有的营养价值，可作为青贮饲料的原料有玉米秸秆、鲜牧草、蔬菜茎、甘薯茎叶等，且青贮饲料的消化率稍高于青干草和秸秆饲料。精饲料包括能量饲料（包括谷实类、糠麸类、糟渣类、块茎类等饲料）、植物性蛋白质饲料（包括大豆和大豆饼/粕、棉籽和棉籽饼/粕、花生饼/粕、菜籽饼/粕等）、矿物质饲料（包括钙源饲料、磷源饲料和盐）等。其中，谷实类饲料中的玉米被称为"饲料之王"，是高能饲料，淀粉含量高，适口性好，易消化；豆饼/粕是大豆经浸提法制油而得到的副产品，属于所有饼/粕中最好的饼/粕，是反刍动物最常用的一种蛋白质补充料；反刍动物以植物性蛋白质饲料为主，摄入的钠和氯不能满足其营养需要，因此必须补充盐。饲料添加剂包括诱食剂、抗氧化剂等，用于强化基础饲料营养价值、提高动物生产性能、改善畜产品品质等。

综上可知，日粮各物料组分相互之间的性质（湿度、粒度、容重等）存在差异，为实现日粮各物料组分的均匀混合，需要配套使用与全混合日粮饲喂技术相互依存、相辅相成的全混合日粮混合机。粗饲料是反刍动物的重要饲料源，而粗饲料包括青贮玉米、牧草以及一些农副产品等，全混合日粮混合机对其加工处理，既提高了饲料资源的开发与利用，又为社会创造了巨大财富。

二、全混合日粮的混合加工利用

随着国内外反刍动物养殖业规模化和集约化的发展，饲养管理水平不断提高，全混合日粮饲喂技术（简称日粮饲喂技术）现正被越来越多的反刍动物养殖场推广使用。日粮饲喂技术是指根据反刍动物在不同生长发育阶段的营养需求和饲养目的，利用混合机械将一定比例的精饲料、粗饲料和饲料添加剂混合均匀而得到一种营养平衡的日粮，再由反刍动物采食的一种饲养技术。日粮饲喂技术于 20 世纪 60 年代开始出现，并在德国、意大利、以色列、美国、加拿大等国家得到普遍的应用，其推广的关键是日粮混合加工的机械化。这加快了全混合日粮混合机的研发进程，如德国 BvL（倍威力）集团自 1978 年研发出世界上第一台立式全混合日粮混合机"Solomix"后，又相继研发出多种机型的系列化产品。

20 世纪 80 年代，日粮饲喂技术引入中国，并逐渐推动了国内各界人士研究日粮饲喂技术的热潮。随着社会的发展、科技的进步，反刍动物养殖业生产方式加快转变，推广和应用日粮饲喂技术的重要性将日益凸显。为最大限度地发挥反刍动物的生产潜力，进而为中国居民提供更多、更优质、更经济的肉、奶以及其他副产品，反刍动物养殖场需要在养殖与管理过程中科学地应用日粮饲喂技术，并根据相应的日粮类型、饲养规模和建筑结构来选用适合的、性能良好的全混合日粮混合机。近几年，中国反刍动物饲养业取得了快速发展，尤其是奶牛业，促进了反刍动物饲养技术的发展，日粮饲喂技术已开始在大型牧场应用，也促进了全混合日粮混合机的应用。例如，上海申星奶牛场从国外引进全混合日粮设备率先在散放牛群中运用，使劳动生产率大为提高，奶成分稳定，且奶牛健康又高产；黑龙江省牡丹江农垦千牧奶牛场引进意大利 STORTI 集团的全混合日粮牵引搅拌车用于奶牛饲养，效果显著。

德国、意大利等畜牧业发达国家的企业研究全混合日粮混合机的起步较早，产生了许多成熟的理论、工艺及方法，对应生产的机型较多，且各机型已趋向于系列化和自动化，很好地满足了国外反刍动物养殖场的不同层次需求；由于国外全混合日粮混合机的研究与开发基本由企业（技术保密体制较为完善）完成，同时国外学者对全混合日粮混合机进行的研究主要偏重于机型选择和混合均匀度试验方法等应用性研究，因此国外关于全混合日粮混合机的混合机理和混合性能的详细研究报道和文献资料很少。国内研究全混合日粮混合机的起步较晚，而且是从以引进的全混合日粮混合机为样机进行改型设计开始的，加之国内生产全混合日粮混合机的企业规模较小，基于日粮混合机理研究的全混合日粮混合机创新性设计欠缺，对全混合日粮混合机的研发总体上还处于发展阶段；国内反刍动物养殖场使用的日粮类型、养殖规模与建筑结构等不尽相同，对日粮及其混合加工技术提出了更多要求，同时进口全混合日粮混合机存在价格高、配套动力大、难以和国内现有设施配套等弊端，且在饲喂方式和日粮各物料组分方面与我国国情存在差异，因此在跟踪国外技术的同时，还需要不断总结国内不同饲养阶段反刍动物的饲养模式、日粮饲喂技术在国内不同地区推广过程中存在的主要问题等，并据此来指导全混合日粮混合机的自主设计和机理研究等工作；国内学者对全混合日粮混合机进行的研究主要集中在已有成熟机型的试验研究上，针对全混合日粮混合机开展的混合机理研究等应用基础研究很少，因此国内全混合日粮混合机的创新性研究和开发较少；要改变国内全混合日粮混合机发展落后的局面，有必要借鉴畜牧业发达国家的先进经验，对全混合日粮混合机的混合机理进行深入的研究，以促进国内全混合日粮混合机的创新发展。

　　总的来讲，国内对全混合日粮的加工利用还处于较低水平，随着国内优质干草、草块产业化进程的推进、青贮饲料种植面积的扩大以及以养牛业为代表的反刍动物饲养业的规模化发展，牧场粗饲料条件日趋改善，日粮饲喂技术必将被越来越多的牧场认识和应用，其应用前景光明。同时，为适应国内现阶段畜牧业的发展需要，需要结合国内外研究现状、国内反刍动物养殖业的实际需求以及大型全混合日粮混合机（尤其是固定式全混合日粮混合机）在规模化反刍动物养殖场中的应用情况，对自主设计的全混合日粮混合机开展混合机理分析与混合性能研究。

第二节　　全混合日粮混合机国内外研究现状综述

一、国外研究现状

　　德国、意大利等畜牧业发达国家对日粮及其混合加工技术的研究已有几十年的发展历史，掌控着世界先进的全混合日粮混合机核心技术。截至 2018 年，国外先后共有 20 多家企业依据不同的理论和方法研发出多种结构型式的全混合日粮混合机。其中，德国 BvL 集团自 1978 年研发出世界首台立式全混合日粮混合机后，已研发出立式单搅龙全混合日粮混合机、立式双搅龙全混合日粮混合机、立式三搅龙全混合日粮混合机等多种机型，且各机型均形成了系列化产品。意大利 STORTI 集团成立于 1956 年，是世界上知名、规模较大的全混合日粮混合机生产企业，生产的全混合日粮混合机产品从立式到卧式、单搅龙到四搅龙、固定式到移动式、牵引式到自走式等各种规格齐全。法国 KUHN 公司作为世界大型农机具生产企业之一，到目前为止已有立式单搅龙全混合日粮混合机、立式双搅龙全混合日粮混合机、立式三搅龙全混合日粮混合机、卧式水平四搅龙全混合日粮混合机、卷筒式全混合日粮混合机等各机型，且各机型均形成了系列化产品。

为便于分析国外各种全混合日粮混合机的混合方式，根据全混合日粮混合机不同的布置型式，可将其分为立式和卧式两种，其中立式主要包括立式单搅龙全混合日粮混合机、立式双搅龙全混合日粮混合机和立式三搅龙全混合日粮混合机，卧式主要包括卧式水平单搅龙全混合日粮混合机、卧式水平双搅龙全混合日粮混合机、卧式水平三搅龙全混合日粮混合机、卧式水平四搅龙全混合日粮混合机、滚筒式全混合日粮混合机、桨式全混合日粮混合机、卷筒式全混合日粮混合机和链桨式全混合日粮混合机。

立式单搅龙全混合日粮混合机、自走式立式全混合日粮混合机、立式双搅龙全混合日粮混合机、立式三搅龙全混合日粮混合机如图 1-1 ~ 图 1-4 所示，其主要由一个外槽形混合腔和一个（或多个）立式锥形中心搅龙构成，中心搅龙通过星形齿轮箱来传递动力，可将物料颗粒从底部推至顶部，而后又落回底部，如此循环形成以扩散混合方式为主的运动过程。同时，中心搅龙叶片上安装的刀片可对粗饲料进行剪切加工，运动的刀片或在外槽形混合腔壁上的限位板提供剪切面，增加处理能力，降低大捆干草的粒度，适于加工粗饲料，包括整捆草料的日粮，甚至可用于加工具有近 100% 干草的日粮，不需要事先处理干草。该类机型因具有结构简单、能耗较低、保养简便且对粗饲料加工的质量较高等优点而使得应用范围广、普及率高，同时存在的缺点是混合设备的总高度较大，添加日粮各物料组分时需要配套要求较高的辅助设备。

卧式水平搅龙全混合日粮混合机采用一个、两个、三个或四个水平配置的搅龙，其中应用较多的是卧式水平三搅龙全混合日粮混合机和卧式水平四搅合日粮混合机（图 1-5 和图 1-6）。在配置一个和两个搅龙的卧式水平搅龙全混合日粮混合机中，搅龙叶片推动物料颗粒向全混合日粮混合机中部运动，随后从两侧涌向顶部并向后落向搅龙，物料颗粒也从全混合日粮混合机的两端移到卸料

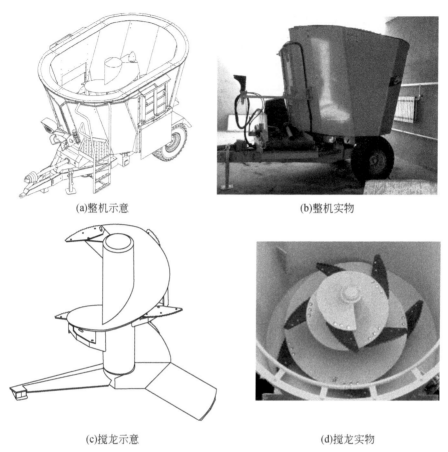

(a)整机示意   (b)整机实物

(c)搅龙示意   (d)搅龙实物

图 1-1　立式单搅龙全混合日粮混合机

图 1-2　自走式立式全混合日粮混合机

口。卧式水平三搅龙全混合日粮混合机和卧式水平四搅龙全混合日粮混合机搅拌轴上安装的多个搅龙叶片因做相对运动而沿着相反方向推动物料颗粒，进而使物料颗粒从一端到另一端、从底部到顶部移动，开门卸料时，物料颗粒最终移向卸

图 1-3　立式双搅龙全混合日粮混合机

图 1-4　立式三搅龙全混合日粮混合机

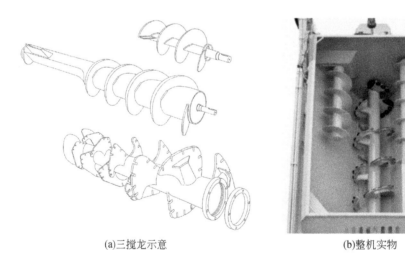

(a)三搅龙示意　　　　　　　　　　　　　　(b)整机实物

图 1-5　卧式水平三搅龙全混合日粮混合机

料口。该类机型外形通常较窄、总高度较立式机型低，通过性好，便于添料，适于加工比例差异较大、较松散、含水率较低的日粮，一般不宜直接添加整捆草料。

(a)四搅龙原理　　　　　　　　　　　　(b)四搅龙配置实物

图 1-6　卧式水平四搅龙全混合日粮混合机

　　滚筒式全混合日粮混合机的主要工作部件为内壁配置抄板的转动筒体，如图 1-7 所示。该类机型是通过筒体的旋转将物料颗粒提升到一定高度后抛落，进而以扩散混合方式和剪切混合方式为主实现日粮各物料组分的均匀混合。

图 1-7　滚筒式全混合日粮混合机

　　桨式全混合日粮混合机主要由机槽体和沿主轴轴向安装的桨叶板构成（图 1-8）。该类机型是通过安装在主轴上的桨叶板的旋转将物料颗粒从机槽体一端向另一端输送，进而以双向的对流混合运动方式为主实现日粮各物料组分的均匀混合。

　　卷筒式全混合日粮混合机主要由一组搅龙和一个卷筒构成，如图 1-9 所示。该类机型是通过卷筒的旋转将物料颗粒提升并翻滚下落，形成以剪切混合方式为主的运动过程，并通过在搅龙底边上的楔入点将物料颗粒移向旋转的搅龙，进入

图1-8　桨式全混合日粮混合机

与搅龙相同或相反运转的区域，使物料颗粒从一端移动到另一端，进而形成以对流混合方式为主的运动过程。同时，搅龙叶片上安装的刀片可对粗饲料进行剪切加工，配置在搅龙上方的干草盘（可选配）提供了切碎干草捆的能力，故该类机型适于加工粗饲料（包括整捆草料的日粮）。

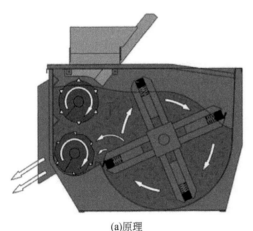

(a)原理

(b)实物

图1-9　卷筒式全混合日粮混合机

国外学者对全混合日粮混合机进行的研究偏重于机型选择和混合均匀度试验方法等应用性研究，如Kammel（1998）对立式单搅龙全混合日粮混合机至立式双搅龙全混合日粮混合机、卧式水平单搅龙全混合日粮混合机至卧式水平四搅龙全混合日粮混合机、滚筒式全混合日粮混合机、桨式全混合日粮混合机和卷筒式全混合日粮混合机等多种机型进行了简单的研究分析，包括各种全混合日粮混合机的结构特点、工作原理、混合均匀度试验方法、混合时间、安全性、尺寸大小和混合成本等，为全混合日粮混合机的选择提供了较为全面的参考依据；Vaage（2014）对立式全混合日粮混合机和卧式全混合日粮混合机的特点进行了对比讨论，并阐述了其他研究者对这两种机型的不同观点，为全混合日粮混合机的选择提供了依据；Buckmaster（2009）对全混合日粮混合机的混合性能优化、混合均匀度试验方法、日粮粒度评价等进行了研究分析，为确定全混合日粮混合机最佳混合性能对应的参数提供了依据。除此之外，国外学者对日粮及其混合加工技术的研究还包括利用已有的全混合日粮混合机研究不同日粮组分的特性对混合和饲喂效果的影响，如 Helander 等（2014）为研究青贮饲料和精饲料的混合物对母羊干物质采食量和生育哺乳性能的影响，使用三种不同物料组分的日粮进行了两项试验，其中的两种日粮分别由 STORTI 立式单搅龙全混合日粮混合机、自制的固定式单搅龙全混合日粮混合机混合加工而得，结果表明青贮饲料和精饲料的混合日粮有助于母羊干物质采食量的增加和生育哺乳性能的提高；Addah 等（2014）研究了在饲喂肉牛时青贮切断长度和铁酸酯酶对菌种发酵、好氧稳定性和青贮饲料物理有效纤维值的影响，研究过程中使用 Beck 220 全混合日粮混合机（美国 Beck Implement 公司）将日粮各物料组分混合均匀，结果表明肉牛的生长性能受青贮切断长度和铁酸酯酶的影响均较小；Seppälä 等（2013）为检验原料卫生质量、丙酸防腐剂和甲酸防腐剂对以青贮饲料为主的日粮有氧稳定性的影响，先分别使用中试规模（50kg）的卧式全混合日粮混合机、农场规模的 STORTI Labrador 160 全混合日粮混合机将日粮各物料组分混合均匀，再进行两次对比试验，结果表明使用防腐剂不能替代良好卫生质量的物料组分。

综上所述，德国、意大利等畜牧业发达国家研究日粮及其混合加工技术的起步较早，进行了比较系统的研究，开发出了多种结构型式的全混合日粮混合机，且各机型均形成了系列化产品，很好地满足了国外不同反刍动物养殖场的各种层次需求。国外全混合日粮混合机的研究与开发基本由企业完成，也正在向集团化、规模化、自动化、智能化方向发展，由于企业对核心技术保密，其创新性研发得出的详细试验数据和较为全面的机理研究尚未公开。同时，国外学者对全混合日粮混合机进行的研究主要偏重于机型选择和混合均匀度试验方法等应用性研究。因此，国外关于各类全混合日粮混合机混合机理和混合性能的详尽研究报道和文献资料很少。

二、国内研究现状

国内研究全混合日粮混合机的起步较晚、发展进度较慢。同时由于国内各地自然地理、经济发展程度不同，日粮饲喂技术的推广力度在不同地区也有显著的差别。国内反刍动物养殖场使用的日粮类型、养殖规模与建筑结构等不尽相同，对日粮及其混合加工技术提出了更多要求。因此，为适应国内现阶段畜牧业的发展需要，研究适合国内实际国情的日粮混合加工技术非常必要。目前，中国已有多家生产全混合日粮混合机的企业，并在引进、消化国外日粮混合设备生产制造技术的基础上，已开发出了以立式单搅龙全混合日粮混合机等为主的机型，但全混合日粮混合机品种较为单一，尚处于发展阶段。随着社会的发展、科技的进步，新技术和新方法将越来越多地应用于全混合日粮混合机的研发中，进而促进日粮饲喂技术在国内反刍动物养殖场的推广和应用。

近年来，国内学者对全混合日粮混合机进行的研究主要集中在已有成熟机型的试验研究上，针对日粮的混合机理开展研究分析，并在此基础上提出新的全混合日粮混合机方案，继而开展系统、综合的混合性能试验研究的报道较少，这限制了国内全混合日粮混合机创新设计的发展进程。

左黎明（2014）以立式单搅龙全混合日粮混合机为研究对象，对该机料箱、搅龙、底架、传动装置等机构的关键参数进行了分析，运用 CATIA 软件建立了虚拟样机模型，并运用 Ansys Workbench 软件对其中的关键工作部件进行了有限元分析，且对搅龙叶片做出局部改进，最后对该机的混合性能进行了试验验证；刘江涛和张志杰（2009）对单轴卧式全混合日粮混合机的剪切性能与混合效果进行了试验研究，得出对应的最佳参数组合；冯静安等（2009）对立式单搅龙全混合日粮混合机的结构型式和工作原理进行了分析与设计，并确定了搅龙结构尺寸与搅龙转速之间的关系；刘希锋等（2009）对立式全混合日粮混合机和卧式全混合日粮混合机的混合性能及其评价方法进行了简单的分析与论述；严清（2014）对牵引立式全混合日粮混合机的结构型式和工作原理进行了简单的介绍，并同时运用 CAD 软件和 UG NX 软件对牵引立式全混合日粮混合机进行了辅助设计；宋秋梅等（2011）对卧式水平三搅龙全混合日粮混合机的结构型式、工作原理、操作要点、生产加工工艺要求、维护和保养等进行了简单的介绍。

东北农业大学王德福教授团队于 2006～2007 年对双轴卧式全混合日粮混合机（图1-10）的主要工作部件进行了阐述分析，结合高速摄像技术与理论分析得出了该机主要的混合运动方式，并对该机的剪切、揉搓、混合功能进行了试验研究，进而优化了该机的结构参数和运行参数，同时又利用该机对各种评价日粮混合均匀度和粒度的方法进行了试验研究；于 2008 年对单轴卧式全混合日粮混合机的基本结构型式和工作原理进行了阐述，并对该机的结构参数和运行参数进行了试验研究，在保证混合均匀度、尽量减少日粮细粉率和单位质量功耗的前提下，得出各试验因素合理的取值范围；于 2014 年在运用 SolidWorks 软件对拨板式全混合日粮混合机三维总体装配中的核心部件——混合转子进行有限元分析的基础上，提出了拨板式全混合日粮混合机的设计方案，该机实物如图 1-11 所示，利用专用设备或装置对试验物料的密度等特性进行了测定分析，通过采用高速摄像技术与理论分析对该机的混合机理进行了探究，并运用 EDEM 软件对不同转子转速、混合叶板角度、物料装载率、混合时间对该机混合过程和混合性能的影响进行了仿真分析，最后利用样机进行了试验研究，得出了变异系数小于 10% 时对应各试验因素的取值范围，研究结果为国内全混合日粮混合机的深入研究及研发提供理论与技术支持。

图 1-10　双轴卧式全混合日粮混合机

图 1-11　拨板式全混合日粮混合机

　　吴艳泽（2011）以双轴卧式全混合日粮混合机为研究对象，对该机主要工作部件的结构和运动方式进行了系统的研究分析，并对该机的混合质量进行了试验研究，得出变异系数小于 10%、揉丝率大于 50%、细粉率小于 40% 时各影响因素的取值范围，同时还对该机的卸料部件进行了残留率试验研究，得出卸料时间为3min时卸料残留率可达到0.5%左右（满足相关行业标准中残留率应小于1%的指标要求）。

李龙（2012）以9JQL-8.0立式全混合日粮混合机（图1-12）为研究对象，以由混合机理计算出的极限速度为基础，运用SolidWorks软件对搅龙进行了设计与仿真分析，同时运用ADAMS软件探究了速度、螺距、位置的变化对物料颗粒混合的影响规律。

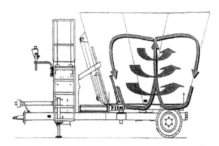

图1-12　9JQL-8.0立式全混合日粮混合机

石河子大学坎杂教授和李景彬教授团队于2014年针对规模化肉羊场饲喂过程中存在的问题，以采用双搅龙叶片对中设计的自走式全混合日粮混合机为研究对象，并运用SolidWorks软件和EDEM软件对该机的结构参数和运行参数、物料颗粒运动规律及混合均匀度进行了设计、优化和仿真分析，最后利用试制的9WJBZ-5自走式全混合日粮混合机（图1-13）进行了混合性能试验和饲喂效果试验；在上述研究工作的基础上，于2016年进一步提出了一种新型卧式肉羊全混合日粮混合机的总体设计方案［图1-14（a）］，并对该机混合室、出料门、搅龙、控制及传动装置进行了设计，运用EDEM软件对该机内混合过程、混合质量进行了仿真分析，最后利用样机［图1-14（b）］进行了试验研究，得出了制备肉羊日粮所需的最佳参数组合。

图1-13　9WJBZ-5自走式全混合日粮混合机

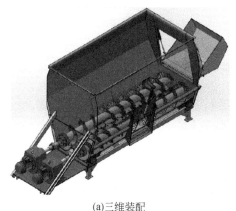　　　　

　　　(a)三维装配　　　　　　　　　　　　　　　(b)实物

图 1-14　卧式肉羊全混合日粮混合机

　　金伟亮（2015）以螺旋带式全混合日粮混合机（图 1-15）为研究对象，对该机混合机理和螺旋升角、搅拌臂排列方式、主轴转速等关键参数进行了研究分析，运用 Pro/E 软件建立了虚拟样机模型，利用有限元法（finite element method, FEM）对主轴进行了静强度分析、对整机进行了模态分析，最后运用 EDEM 软件对虚拟样机内物料颗粒运动轨迹、混合均匀度进行了仿真分析。

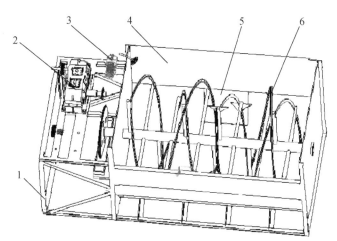

图 1-15　螺旋带式全混合日粮混合机

1. 机架　2. 减速器　3. 发动机　4. 混合室　5. 出料口　6. 搅龙

　　除上述研究之外，国内学者对日粮及其混合加工技术的研究还包括利用已有全混合日粮混合机研究日粮不同物料组分的特性对混合和饲喂效果的影响，如李明华（2007）为研究日粮及其混合加工技术对奶牛生产性能的影响，对七个奶牛场（均使用牵引卧式全混合日粮混合机）进行了日粮配方优化试验研究，为内蒙古地区日粮饲喂技术的应用和优化提供了参考依据。上述研究可以促进新型全混合日粮混合机的研发，同时，新型全混合日粮混合机的出现为合理制定日粮混合加工工艺提供了更多的选择，进而有助于使日粮饲喂技术的发展形成良性循环。

综上所述，国内生产全混合日粮混合机的企业规模较小，相对于德国、意大利等畜牧业发达的国家来说，中国生产混合机械水平还是有差距的，加之现阶段国内学者开展的全混合日粮混合机研究主要集中在依据已有几种成熟机型（立式单搅龙全混合日粮混合机、卧式水平双搅龙全混合日粮混合机、卧式水平三搅龙全混合日粮混合机、卧式水平四搅龙全混合日粮混合机等）的改进设计与试验研究上，基于日粮混合机理研究的全混合日粮混合机创新性设计欠缺，对全混合日粮混合机的研发总体上还处于发展阶段。为进一步促进日粮饲喂技术、不同结构型式的全混合日粮混合机在国内反刍动物养殖场的推广和应用，以及缩小和国外全混合日粮混合机之间的技术差距，并使开展的关键技术研究工作具有现实意义和应用价值，需要不断总结国内不同饲养阶段反刍动物的饲养模式、日粮饲喂技术在国内不同地区推广过程中存在的主要问题等实际国情，并不断提高自主创新能力，加大对适合国内实际国情的全混合日粮混合机的研究力度，进而逐步探索并研制出适合国内实际需求的全混合日粮混合机。同时考虑到国内规模化反刍动物养殖场的快速发展，根据反刍动物在不同生长发育阶段的特点和对饲养管理的不同要求，应采用不同的饲养管理措施，需要配置不同规格或类型的全混合日粮混合机，以实现日粮饲喂技术在规模化养殖场的全面覆盖。

第二章 试验日粮物料组分及其特性测定

物料特性研究是农业工程学科研究的基础，且农业物料的主要特性参数在农业机械工作过程（原理）分析中属于重要的基础性参数，也有助于离散元仿真分析等新技术和新方法在农业机械领域研究中得到更好的应用。从研究全混合日粮混合机的角度来讲，物料特性研究是开展混合机理研究、仿真分析、试验研究工作的一个重要前提。为提高测定物料特性的准确度以更好地满足全混合日粮混合机研究的需要，本章拟根据测定目的对试验所用日粮（简称试验日粮）各物料组分的基本物理参数、流变特性和力学特性中的主要物料特性进行测定。

第一节 试验日粮的物料组分

结合相关资料，从不同日粮物料组分中选择具有典型代表性的物料组成试验日粮，即青贮玉米秸秆、稻秆、玉米面和食盐，其中前两种物料为粗饲料，后两种物料为精饲料，且前三种物料购于黑龙江省哈尔滨市某奶牛养殖场。试验日粮的各物料组分如图 2-1 所示。

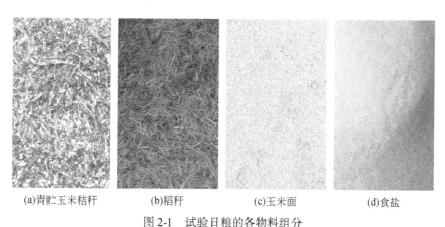

(a)青贮玉米秸秆　　(b)稻秆　　(c)玉米面　　(d)食盐

图 2-1　试验日粮的各物料组分

第二节　各物料组分的特性测定

由第一节试验日粮的物料组成可知，各物料组分均是由松散、分离、形状尺寸相近的颗粒所组成的群体，即试验日粮的各物料组分均可归为散粒物料。因此，为给全混合日粮混合机的研究提供依据，除了需要了解试验日粮各物料组分的基本物理参数外，还需要根据测定目的对所用试验日粮各物料组分的流变特性、力学特性中的主要特性参数进行测定。

由相关资料可知，物料基本物理参数中的含水率是影响物料其他特性最重要的因素，因此为了提高测定后续其他物料特性的准确度，需要在较短的时间内完成后续其他物料特性的整个测定过程，并尽可能多地采取一些措施来防止或降低不必要的水分损失，如将备用料存放在透明夹链自封袋中。

一、基本物理参数的测定

（一）含水率

物料含水率分为湿基含水率和干基含水率两种表示方式，前者是以物料质量为基准计算的，后者是以物料中固体干物质质量为基准计算的，两者可以互相变换。本节采用湿基含水率来表示物料的含水率，其计算公式为

$$M_{\mathrm{w}} = \frac{m_{\mathrm{w}}}{m_{\mathrm{w}} + m_{\mathrm{s}}} \times 100\% \qquad (2\text{-}1)$$

式中，M_{w} 为物料的湿基含水率，%；m_{w} 为物料中所含水分的质量，kg；m_{s} 为物料中所含干物质的质量，kg。

为了精确得到试验日粮各物料组分的湿基含水率，根据试验日粮各物料组分的特性，参考《生物质固体成型燃料试验方法　第 2 部分：全水分》（NY/T 1881.2—2010）对青贮玉米秸秆和稻秆的湿基含水率进行测定，同时参考《粮油检验　玉米水分测定》（GB/T 10362—2008）对玉米面湿基含水率进行测定，采用常压恒温烘干法对食盐的湿基含水率进行测定。测定过程中使用的主要仪器和设备包括 DHG-9420A 型电热恒温鼓风干燥箱（上海一恒科学仪器有限公司生产，如图 2-2 所示）、BSA3202S 型电子天平（最大称量 3200g，分辨率 0.01g，赛多利斯科学仪器（北京）有限公司生产，如图 2-3 所示）和铝盒等。

参考上述对应标准或方法中的操作步骤并根据式（2-1）分别对试验日粮各物料组分的湿基含水率进行至少 10 次平行测定，统计分析出青贮玉米秸秆、稻秆、玉米面和食盐的湿基含水率分别为 70.0%、6.1%、9.4% 和 0.5%。

图 2-2　DHG-9420A 型电热恒温鼓风干燥箱

图 2-3　BSA3202S 型电子天平

（二）密度

物料颗粒的实体密度为物料颗粒的质量 m 与其体积 V 之间的比值，因为 TMR 中秸秆物料颗粒的形状很不规则，直接测量体积难度很大，所以本文采用细小颗粒（如细盐）填充的方法进行测量物料颗粒的体积。试验仪器包括电子天平（0.0001g）和量筒（250mL）。

参考相关资料，确定出具体操作步骤为：先测量物料颗粒的质量 m，并将其放入量筒 a 中，将细盐放入量筒 b 内，观察此时细盐的体积 V_1，并作记录，然后

在量筒 a 内缓慢导入细盐，对量筒 a 不断的摇晃，直至颗粒饲料间的空隙被细盐充满，此时记录量筒 b 内细盐余下的体积 V_2 及量筒 a 中此时的总体积 V_z。根据下式求得物料颗粒的实体密度 ρ 为

$$\rho = \frac{m}{V} \tag{2-2}$$

式中，V 为物料颗粒的实测体积，$V = V_z - (V_1 - V_2)$。

　　根据上述操作步骤分别对每种物料颗粒的密度进行 10 次平行测定，统计分析出青贮玉米秸秆皮、穰、皮穰、叶、苞叶、稻秆、玉米面、食盐的密度分别为 287kg/m^3、34kg/m^3、153kg/m^3、193kg/m^3、133kg/m^3、338kg/m^3、842kg/m^3、2165kg/m^3。

二、流变力学特性的测定

　　物料的流变特性是研究物料在外力作用下产生的变形和流动，以及载荷作用的时效，可用应力、应变和时间三个参数表示物料的流变特性；在研究物料的某个流变特性时，为使问题得到简化又可获得足够的测定精度，需要利用机械学和流变学的基本原理将其他变量的影响作相当粗略近似后，再采用试验和总结经验的方法来研究某个特性的相对变化。散粒物料的力学特性主要包括摩擦特性和流动特性等。综上所述，为给全混合日粮混合机的研究提供依据，根据研究需要对流变力学特性中的剪切模量、泊松比、碰撞恢复系数和摩擦因数等主要参数进行测定。

　　（一）剪切模量与泊松比

　　参考相关资料，选用固体农业物料流变特性测定方法中的准静态试验、数字散斑相关方法（digital speckle correlation method，DSCM）对本节所用青贮玉米秸秆各类别的剪切模量与泊松比进行测定和分析。测定和分析过程中使用的主要仪器设备和软件包括 WDW-5 型微机控制电子式万能材料试验机（最大试验力 5000N，位移测量准确度优于 ±1%，位移速度控制精度优于 ±1%，有效拉伸试验空间 800mm，位移分辨率 0.01mm，位移速度控制范围 0.05 ~ 500mm/min；济南试金集团有限公司生产）、Phantom V5.1 型数字式高速摄像机（最大拍摄频率 1200 帧/s，4G，美国 Vision Research 公司）、新闻灯、计算机、电子数显卡尺、三角尺、壁纸刀、油性记号笔、绘图模板和 ImageJ 图像处理软件等。

　　参考相关资料，为了使待测试样在拉伸过程中被牢固夹紧，同时为了保证待测试样在指定的范围内实现拉伸破坏，而不是在两端夹持部分等其他位置破坏，需将待测试样均做成类似哑铃状的标准拉伸试样，试样中间拉伸区域的横向宽

度、纵向长度分别为 15mm、50mm，两端夹持部分的纵向长度为 25mm。利用壁纸刀按上述尺寸对样品进行切割，再利用三角尺、绘图模板和油性记号笔在试样表面上标记出分布相对均匀、大小适宜的散斑点（实心圆点），其中相邻两列标记点之间的纵向距离约为 10mm，同列相邻两个标记点之间的横向距离约为 7mm。

将试样安装在 WDW-5 型微机控制电子式万能材料试验机的固定夹头上，加载速度选为 0.5mm/min，移动中横梁距离，之后把试样另一端用波纹式夹具夹紧，调整 Phantom V5.1 型数字式高速摄像机以获得试样有效试验区内清晰的图像，之后再开始对试样进行加载。测定现场如图 2-4 所示。

图 2-4 测定青贮玉米秸秆各类别的剪切模量与泊松比试验现场

利用灰度重心法来确定试样表面上标记点在拉伸前后的位置，根据所确定的位置计算得到试样的纵向应变 ε_z 和横向应变 ε_h。由于纵向应变 ε_z 和横向应变 ε_h 的计算方法相同，故以计算纵向应变 ε_z 为例来说明。为计算纵向应变 ε_z，仅考虑纵向变形，并以纵向中的两个标记点 P_L、P_R 为研究对象，建立 X 方向标准拉伸试样计算模型，如图 2-5 所示。

根据图 2-5 中的几何关系，可由式（2-3）计算得到两个标记点变形前、变形后位移。可由式（2-4）计算求得纵向应变 ε_z。

$$l = l_1 - l_2 + X_R - X_L \tag{2-3}$$

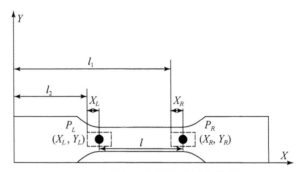

图 2-5　X 方向标准拉伸试样计算模型

$$\varepsilon_z = \frac{l' - l_0}{l_0} \qquad (2\text{-}4)$$

式中，l 为两个标记点灰度重心之间的距离，mm；ε_z 为纵向应变；l' 为变形后两个标记点之间的距离，mm；l_0 为变形前两个标记点之间的距离，mm。

根据上述所得的试样纵向应变 ε_z 和横向应变 ε_h 并利用式（2-5）计算出对应的泊松比 μ，同时借鉴文献资料中测定物料弹性模量的方法，得出青贮玉米秸秆各类别的弹性模量 E，再由式（2-6）对应计算出青贮玉米秸秆各类别的剪切模量 G。

$$\mu = \left| \frac{\varepsilon_h}{\varepsilon_z} \right| \qquad (2\text{-}5)$$

$$G = \frac{E}{2(1 + \mu)} \qquad (2\text{-}6)$$

根据上述操作步骤分别对青贮玉米秸秆各类别的剪切模量与泊松比进行 10 次平行测定。参考相关资料中参数并借鉴文献资料中对物料剪切模量与泊松比的测定方法，得出稻秆、玉米面和食盐的剪切模量与泊松比，结果见表 2-1。

表 2-1　试验日粮各物料组分的剪切模量与泊松比

项目	皮	穰	皮穰	叶	苞叶	稻秆	玉米面	食盐
剪切模量/MPa	2888.2	105.8	2706.8	627.9	72.1	100	137	22000
泊松比	0.25	0.016	0.23	0.2	0.009	0.4	0.4	0.25

注：皮、穰、皮穰、叶、苞叶分别表示青贮玉米秸秆的皮、穰、皮穰、叶、苞叶。

（二）碰撞恢复系数

碰撞恢复系数是表征碰撞中能量损失的重要参数，它是指碰撞后分离速度与碰撞前接近速度的比值，其计算公式为

$$e = \left| \frac{v_2 - v_1}{v_{20} - v_{10}} \right| \tag{2-7}$$

式中，e 为碰撞恢复系数；v_1 为碰撞后物体 1 的速度，m/s；v_2 为碰撞后物体 2 的速度，m/s；v_{10} 为碰撞前物体 1 的速度，m/s；v_{20} 为碰撞前物体 2 的速度，m/s。

对于弹性碰撞，相撞前后系统动能相等，$e = 1$；对于完全非弹性碰撞，$e = 0$；对于一般的非弹性碰撞，$0 < e < 1$。

测量装置见图 2-6，图中 H 为物料颗粒自由落体到物料板（即 Q235 钢板或表面粘满某种待测物料颗粒的钢板）的高度；H_1 为物料颗粒与物料板碰撞后下落的高度，$H = H_1$；L 为物料颗粒碰撞后下落到粘板的落点与下落中心的径向距离；X-X 线为物料颗粒和物料板的公法线，其与竖直面的夹角为 $\beta = 45°$。

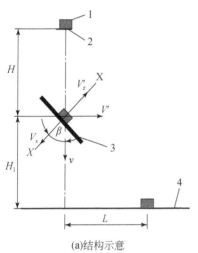

(a)结构示意　　　　　　　　(b)装置实物

1. 物料颗粒　2. 释放台　3. 物料板　4. 粘板

图 2-6　碰撞恢复系数测量装置

设物料颗粒以初速度为 0 从初始点自由下落，经过时间 t_0 后与物料板相碰撞，物料颗粒碰撞前垂直速度为 v，碰撞后速度的水平分量 v'，碰撞后物料颗粒下落到粘板的时间为 t_1。根据运动学原理可得到式（2-8），不计空气阻力和摩擦则碰撞后瞬时垂直速度分量为 0，由 $H_1 = H = gt^2/2$ 和速度公式 $v = L/t$ 可以推出式（2-9），则可得出碰撞恢复系数 e 的计算公式为式（2-10）。

$$v = \sqrt{2gH} \tag{2-8}$$

$$v' = \frac{L}{t_1} = \frac{L}{\sqrt{2H/g}} \tag{2-9}$$

$$e = \frac{v'_x}{v_x} = \frac{v' \sin 45°}{v \sin 45°} = \frac{v'}{v} = \frac{L}{2H} \qquad (2\text{-}10)$$

根据上述操作步骤分别对试验日粮各物料组分相互之间或与钢板之间的碰撞恢复系数进行 10 次平行测定，统计分析结果如表 2-2 所示。

表 2-2　不同材料之间的碰撞恢复系数和摩擦因数

测量对象	碰撞恢复系数	静摩擦因数	滑动摩擦因数	滚动摩擦因数
皮与皮	0.40	0.55	0.392	0.097
皮与穰	0.38	0.77	0.663	0.165
皮与叶	0.31	0.31	0.381	0.138
皮与苞叶	0.24	0.36	0.516	0.152
皮与皮穰	0.39	0.66	0.531	0.131
皮与钢板	0.37	0.59	0.565	0.066
皮与玉米面	0.14	0.44	0.391	0.107
皮与食盐	0.49	0.39	0.375	0.090
皮与稻秆	0.32	0.43	0.358	0.108
穰与穰	0.37	1.29	1.160	0.207
穰与叶	0.29	0.75	0.744	0.180
穰与苞叶	0.27	1.01	0.773	0.197
穰与钢板	0.41	1.08	0.905	0.124
穰与玉米面	0.08	0.68	0.873	0.170
穰与食盐	0.39	0.54	0.749	0.153
穰与稻秆	0.30	0.76	0.894	0.167
穰与皮穰	0.37	1.04	0.911	0.152
叶与叶	0.31	0.36	0.414	0.141
叶与苞叶	0.17	0.39	0.405	0.148
叶与钢板	0.32	0.50	0.661	0.090
叶与玉米面	0.11	0.45	0.648	0.138
叶与食盐	0.51	0.29	0.659	0.129
叶与稻秆	0.35	0.44	0.345	0.110
叶与皮穰	0.35	0.54	0.561	0.159
苞叶与苞叶	0.15	0.43	0.443	0.182
苞叶与钢板	0.22	0.53	0.651	0.102
苞叶与玉米面	0.12	0.29	0.864	0.116

测量对象	碰撞恢复系数	静摩擦因数	滑动摩擦因数	滚动摩擦因数
苞叶与食盐	0.33	0.50	0.608	0.084
苞叶与稻秆	0.26	0.38	0.447	0.114
苞叶与皮穰	0.25	0.68	0.641	0.174
玉米面与玉米面	0.06	0.71	0.783	0.078
玉米面与食盐	0.27	0.81	0.7753	0.050
玉米面与钢板	0.12	0.43	0.541	0.051
玉米面与稻秆	0.17	0.49	0.583	0.114
玉米面与皮穰	0.11	0.57	0.631	0.138
食盐与食盐	0.24	0.79	0.592	0.059
食盐与钢板	0.52	0.52	0.399	0.046
食盐与稻秆	0.44	0.46	0.501	0.107
食盐与皮穰	0.44	0.46	0.561	0.121
稻秆与稻秆	0.33	0.38	0.296	0.010
稻秆与钢板	0.34	0.42	0.382	0.011
稻秆与皮穰	0.31	0.59	0.621	0.138
皮穰与皮穰	0.38	0.85	0.721	0.141
皮穰与钢板	0.39	0.83	0.731	0.099

注：皮、穰、皮穰、叶、苞叶分别表示青贮玉米秸秆的皮、穰、皮穰、叶、苞叶。

（三）摩擦因数

1. 静摩擦因数

物料的静摩擦因数是其重要的力学特性，包括物料与物料及物料与边界的静摩擦因数，测量方法选用斜面法。在测量装置斜面上固定摩擦表面，并在摩擦表面上放置物料，通过旋转手柄使测量装置斜面缓慢的提升，当其升高到物料在摩擦表面上刚好下滑时停止，测量水平方向与斜面的夹角，其正切值即为静摩擦因数。测量仪器包括：静摩擦因数测量装置（见图 2-7）、物料粘板、量角器等。

测量时先将摩擦表面固定在装置斜面上，然后把一块物料粘板放在摩擦表面上，缓慢地旋转手柄增大斜面与水平面的倾斜角度 ψ，当物料粘板在斜面上开始滑移时，记录下倾斜角度，则静摩擦因数为 $f = \tan\psi$。根据上述操作步骤分别对试验日粮各物料组分相互之间或与钢板之间的静摩擦因数进行 10 次平行测定，统计分析结果如表 2-2 所示。

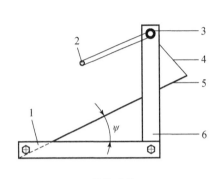

(a)结构示意   (b)装置实物

1.底架 2.手柄 3.绕线轴 4.绳索 5.斜面 6.支撑杆

图 2-7 静摩擦因数测量装置

2. 滑动摩擦因数

滑动摩擦力的大小与接触表面间的正压力成正比，其比值即为滑动摩擦因数。滑动摩擦因数与接触物体的表面特征、物体材质、相对运动速度、表面温度等有关系。测量仪器包括滑动摩擦因数测量装置（见图 2-8）、砝码、物料粘板及天平等。

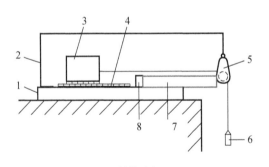

(a)结构示意   (b)装置实物

1.基板 2.支撑横板 3.滑动板 4.黏板 5.滑轮
6.砝码盒 7.支撑块 8.挡块

图 2-8 滑动摩擦因数测量装置

测量时将粘满物料颗粒的滑动块放在物料粘板上，牵引绳与砝码盒相连并绕过右边滑轮，并用一支撑块支撑住滑轮使牵引绳保持处于水平位置。在滑动块上施加一定质量的重块，然后在砝码盒里逐渐加砝码，直至滑动部分能平稳低速地在基板上滑动，将滑动块连带其上的加载物一起拿到电子天平上称出质量 m_1，再将砝码盒连带砝码放到电子天平上称出质量 m_2，则滑动摩擦因数为：$\mu = m_2/m_1$。根据上述操作步骤分别对试验日粮各物料组分相互之间或与钢板之间的滑动摩擦因数进行 10 次平行测定，统计分析结果如表 2-2 所示。

3. 滚动摩擦因数

球形（或圆柱形）物体在滚动时要受到滚动摩擦力的作用。当一个小球在力 F 的作用下做匀速纯滚动（见图 2-9）时，设其重量为 G、半径为 r，若设接触面在 A 点处对球作用的合力为 R，则小球做匀速滚动时满足式（2-11），式中 α 为 R 与 G 之间的夹角。由于 α 很小所以 $\cos\alpha \approx 1$，于是得式（2-12）。设滚动摩擦力为 F_f，接触面对球的支承力为 N，则有 $F = F_f$，$N = G$，于是得到式（2-13），式中 d/r 是滚动摩擦因数。当球（或圆柱形）沿一长为 l、倾角为 δ 的斜面滚下时，球对斜面的压力满足式（2-14），所以由式（2-13）和式（2-14）可以求出 F_f 与 δ 的关系，如式（2-15）所示。则摩擦力所做的功可表示为式（2-16），进而可以得到式（2-17）的关系。

$$Fr\cos\alpha = Gd \tag{2-11}$$

$$F = \frac{d}{r}G \tag{2-12}$$

$$F_f = \frac{d}{r}N \tag{2-13}$$

$$N = G\cos\delta \tag{2-14}$$

$$F_f = \frac{d}{r}G\cos\delta \tag{2-15}$$

$$W_f = \frac{d}{r}lG\cos\delta \tag{2-16}$$

$$W_f \propto \frac{l}{r} \tag{2-17}$$

当小球由静止开始从斜面最高处滚到最低处时，由能量守恒定律可得：

$$W = Q - E \tag{2-18}$$

式中，Q 是球在初始时刻的重力势能，$Q = Wl\sin\delta$；E 是最后时刻的动能。

由式（2-16）和式（2-18）可得到一个无量纲的表达式，如式（2-19）所示，说明摩擦能量损失与斜面倾角余切成线性关系，其斜率就是滚动摩擦因数。

$$\frac{W_f}{Q} = \frac{Q - E}{Q} = \frac{d}{r}\cot\delta \tag{2-19}$$

测量所需要的材料和仪器有：黏性陶泥、钢柱、铁轨、米尺、游标卡尺、各种待测物料、502 胶及测量装置。

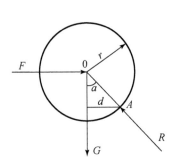

图 2-9　物体在滚动时受到滚动摩擦力　　图 2-10　黏满秸秆皮的钢柱

将粘满物料的钢柱在某一高度自由下落，使其落在黏性陶泥平面上，于是黏性陶泥发生形变形成陶泥坑，测出圆柱钢柱高度 h，用填充食盐的方法测出陶泥坑的体积 V。通过改变钢柱的高度重复上述实验，分别测出钢柱从不同高度落下时黏性陶泥的形变体积。

本书中选用的钢柱半径 $r=8\text{mm}$，长 $L=20\text{mm}$，质量 $m=0.031\text{kg}$，测量时将物料均匀的粘到钢柱表面（如粘满秸秆皮的钢柱见图 2-10）。钢柱高度在 0.4～1.2m 之间变换 5 次，用最小二乘法拟合出 h（V）的最佳直线方程见式（2-20）。

$$h = 0.1563V + 0.094 \tag{2-20}$$

下面以青贮玉米秸秆皮与其他物料及钢板之间的动摩擦为例来描述动摩擦因数的测量过程。测量时将黏性陶泥盒紧贴导轨端部且与导轨表面垂直放置，滚动摩擦因数测量装置见图 2-11。将钢柱从斜面的某一固定位置自由滚落，通过变换

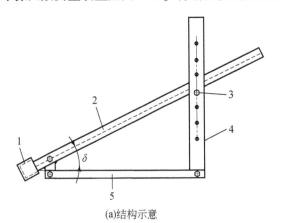

(a)结构示意　　　　　　　　　　　　(b)装置实物

图 2-11　滚动摩擦因数测量装置图

1. 陶泥盒　2. 导轨　3. 支撑杆　4. 高度调节板　5. 底架

不同角度 δ 来进行测量。我们可以根据式（2-19）算出滚动摩擦因数。其中 $Q = mgH$，H 为斜面高度，E 是钢柱与黏性陶泥碰撞前的动能，球与黏性陶泥碰撞后 E 完全被材料吸收，因此 E 可以通过形变与高度的关系（2-20）式进行换算，即 $E = mgh$，其中 $h < H$，于是式（2-19）可进一步写成式（2-21）。

$$\frac{Q - E}{Q} = \frac{H - h}{H} = \frac{d}{r}cotd \qquad (2\text{-}21)$$

通过变换 6 个不同的 δ 角重复测量，根据测量结果由线性回归得出每组最佳拟直线，拟合直线的斜率即为滚动摩擦因数。其他物料的滚动摩擦因数测量方法与上述相同，整理后的滚动摩擦因数见表 2-2。

第三章 全混合日粮粒度与混合均匀度检测方法

第一节 全混合日粮粒度分析方法

奶牛越来越需要具有较高能量的日粮，加之全部使用青贮饲料的日粮比例增加，保证日粮中最低的纤维比例极其重要，否则奶牛通常会表现出一种或更多的代谢紊乱。同时充足的粗饲料颗粒长度对于发挥奶牛正常的瘤胃功能是必需的，粗饲料颗粒长度减小会减少咀嚼时间并降低奶牛瘤胃 pH，即当粗饲料颗粒长度不足时，奶牛咀嚼的时间会减少，从而减少缓冲瘤胃所需的唾液量。日粮中粗饲料颗粒大小不足会降低瘤胃醋酸生成丙酸的比例和 pH，从而降低乳脂比例。当瘤胃 pH 低于 6.0 时，纤维素分解菌的生长受到抑制，从而使产生丙酸的微生物数量增加，并且使醋酸产生丙酸的比例降低。

日粮中粗饲料平均颗粒大小和颗粒大小的变化对奶牛吸收的营养价值有重要影响，在正常情况下奶牛消耗许多颗粒大小不同的饲料，这使得瘤胃的消化率及消化速度更加稳定。为了正常的营养管理，需要描述粗饲料颗粒长度或日粮中饲料颗粒大小的分布（即粒度分布，而不仅仅是平均值）。

一、美国应用的粒度分析方法

美国测定切碎的粗饲料粒度分布的标准方法符合美国农业工程师协会（American Society of Agricultural Engineers，ASAE）确定的标准 S424，ASAE 确定的装置是测定粗饲料颗粒大小的实验室级分离器，包含五个不同尺寸的筛盘和一个底盘，将饲料颗粒分成六个特别的部分。ASAE 确定的装置中筛盘和底盘的长度、宽度分别为 565mm、406mm，筛盘筛网的标称孔径从顶部到底部分别为 19mm、12.7mm、6.3mm、3.96mm 和 1.17mm。

（一）二层筛分析法

为了给营养学家和农民提供一种快速、准确、便宜的实用粗饲料粒度分析方法，Lammers 等于 1996 年提出了由两个筛盘（筛孔直径分别为 19mm、8mm，如图 3-1 所示）和一个底盘组成的简化分离器，其可将粗饲料粒度分成三部分：顶部筛盘上长度>19mm 的粗饲料，这些粗饲料在奶牛瘤胃中刺激咀嚼和产生唾液；中间筛盘上长度在 8～19mm 的粗饲料，这些粗饲料是可适度消化的饲料；底盘上长度<8mm 的粗饲料，这些粗饲料是快速消化的饲料。同时借助上述分离器而得出推荐的粗饲料以及日粮的颗粒尺寸分布范围，见表 3-1。

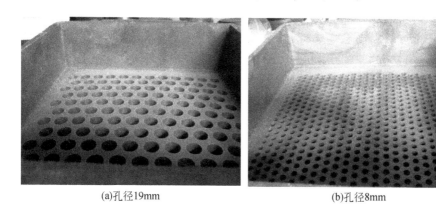

(a)孔径19mm   (b)孔径8mm

图 3-1　粒度分析分离器的塑料筛盘

表 3-1　推荐的草料和日粮的颗粒尺寸分布（Heinrichs，1996）

类别	顶部筛盘（>19mm）	中部筛盘（8～19mm）	底盘（<8mm）
青贮玉米	2%～4%（不是唯一粗饲料） 10%～15%（若加工）	40%～50%	40%～50%
草青贮	10%～15%（密闭筒仓） 15%～25%（地面青贮，较湿）	30%～40%	40%～50%
全混合日粮	6%～10% 或更大	30%～50%	40%～60%

注：表中数据为留在各个筛盘或底盘上的物料比例。

二层筛分析法使用与 ASAE 确定的装置相同的原理，同时为给筛盘提供三维屏障以防止大于筛孔尺寸的粗饲料颗粒滑落通过筛网，将顶部筛盘（筛孔直径 19mm）、中间筛盘（筛孔直径 8mm）的筛网厚度分别设为 12.2mm、6.4mm。

为使筛网制造成本低、便于操作、满足使用要求，用于制造筛网的材料应轻便并具有足够的强度和刚度，并同时使饲料颗粒在筛网上自由移动时几乎不产生摩擦力和静电。筛盘侧壁和底盘的重要性较低，其材质需满足轻便、价格低廉、易于购买和制造。在原型分离器装置中，一般选择聚氯乙烯塑料片制作筛盘，或选择胶合板制作筛盘侧壁和底盘。

分离器的操作很简单，所用粗饲料或全混合日粮样品的推荐样本量为 1.4L。

首先，将分离器置于平坦的地面上，并将筛盘和底盘按次堆叠，然后将待分析材料的样品（1.4±0.5L）置于顶部筛盘上，分离器沿一个方向水平振动五次，然后旋转1/4圈，再次振动五次。每组之间旋转相同方向，将这一过程重复进行八组五次。分离器的旋转确保以最少量的振动进行彻底的分离。振动时需将分离器向前和向后运动170～260mm的距离。振动的速度足以让所有尺寸足够小的颗粒有机会通过两组筛网。

经试验证实，ASAE标准S424确定的分离器与简化分离器的平均绝对偏差较小（2%～6%），这些差异可能在抽样误差的范围内。当测量较大的粗饲料颗粒时，两个分离器的结果更为一致，这对反刍动物更重要，因为它们对反刍作用刺激明显，而且其对摄入行为的影响比测量粒度较小的粗饲料更大。试验时发现，一些颗粒尺寸比孔径更长的饲料穿过了上部的筛网，也有轻干粗饲料颗粒在筛面上立了起来，这使得一些粗饲料更容易穿过筛网孔。

过去，研究人员使用粗饲料的理论切割长度来描述奶牛消耗粗饲料的一般颗粒尺寸，但这不是实际的粗饲料颗粒尺寸。在将粗饲料切碎后，还可以通过许多机械设备处理，进而进一步减小颗粒尺寸。特别是简仓卸料机和全混合日粮混合机通常会磨碎和搅动粗饲料颗粒，从而减少粗饲料颗粒尺寸。牧草切碎机可能已经设定为提供34mm的理论切割长度，即使具有如此较长的切段长度，许多粗饲料颗粒也会小于10mm，因随后的处理和加工进一步减小了其颗粒尺寸。专注于粗饲料颗粒尺寸的营养研究需要在喂饲时而不是收获时采样，因此，二层筛分析法（简化分离器）得到普遍应用。

（二）三层筛分析法

基于ASAE对粗饲料粒度测定的标准S424的特性，宾夕法尼亚州颗粒分离器是一种简洁、有效的粒度分析方法，已用来在收获或者饲喂时评定粗饲料和全混合日粮的粒度分布（Lammers et al.，1996）。尽管这种分离器已被广泛用于粒度测量，但全混合日粮通常含有40%～60%的精料补充饲料，其大多数通过8mm孔径筛盘。因此，针对较小粒度的测量对日粮粒度分布以及瘤胃功能影响分析更有意义，而且已经验证1.18mm筛网孔径是控制瘤胃中饲料驻留时间的关键尺寸。为此，Kononoff于2003年提出在原有的基础上增加第三个筛盘［图3-2（a）］，该筛盘筛网采用不锈钢丝布，标称孔径尺寸为1.18mm，对角线孔径为1.67mm，由增加一个筛网孔径1.18mm的筛盘组成的三层筛分离器会改善宾夕法尼亚州颗粒分离器评估奶牛日粮粒度分布的有效性。

筛盘摆放位置如下：19mm的塑料筛在第一层，8mm的塑料筛在第二层，1.18mm的金属筛在第三层，塑料底盘充当最后一层筛盘［图3-2（b）］。三层筛

(a)孔径1.18mm的筛盘   (b)三层筛分离器

图3-2 筛网孔径为1.18mm的筛盘及三层筛分离器

分离器使用时,将大约1.4L的样品放于第一层筛盘上,筛组单向水平振动5次,然后旋转1/4圈,此过程重复8组,每组重复5次,共振动40次。此分离技术保证样品均匀振动且颗粒间没有产生堆叠。振动一次前后移动距离为170mm以上。

二、本研究应用的粒度分析方法

本研究采用振动筛分法进行全混合日粮粒度的测量评价,即选用筛网孔径为19mm、8mm、5mm和底盘的一组筛盘为一组筛组,将样品颗粒大小分成四组:>19mm颗粒组、8~19mm颗粒组、5~8mm颗粒组、<5mm颗粒组,筛组按筛盘筛网孔径大小从上至下叠放,振动筛分机型号为SSZ-750型。根据已有的资料,本研究制作了冲孔筛(圆孔)和编织筛(方孔)两大类筛网,筛框制作了方框(200mm×200mm)和圆框(200mm)两种,形成方形冲孔筛组、方形编织筛组、圆形冲孔筛组、圆形编织筛组,其中冲孔筛采用钢板冲圆孔形式,编织筛采用钢丝编织方孔形式(图3-3)。

筛分试验中发现,在顶筛中样品装载量超过其容积95%时,振动筛分效果不理想,大部分样品仍存留在顶筛中,这是由于筛盘中样品过多导致饲料间相互交织挤压在一起,因而其落到下层筛的概率降低。通过试验确定顶筛中的样品装载量应控制在其容积90%以下,宜选取筛分样品质量100g。同时经试验确定样品振动筛分时间为5min。

本研究进行了冲孔筛与编织筛筛组的试验,试验时每类筛组进行5次重复试验,每次试验后称取筛组中各层筛上物的质量,然后取其平均值列于表中,具体

(a)方形冲孔筛组

(b)方形编织筛组

(c)圆形冲孔筛组

(d)圆形编织筛组

图 3-3　冲孔筛与编织筛

数据见表 3-2。

表 3-2　各层筛上物的质量比例　　　　　　　　（单位:%）

筛组类型	19mm 孔径筛面	8mm 孔径筛面	5mm 孔径筛面	底盘
方形冲孔筛组	6	16	21	57
方形编织筛组	3	10	15	72
圆形冲孔筛组	8	13	26	53
圆形编织筛组	5	10	18	67

由表 3-2 可以看出，冲孔筛组中各层筛的筛上物分布较编织筛组更为合理。编织筛的开孔率较高，有些直径或宽度较小的较长粗饲料（包括秸秆）易于直接落入底盘，从而使留在上层筛中的筛上物减少造成底盘中物料极多，而上三层中的筛上物直径较大，留在了相应的筛盘上；而冲孔筛的开孔率相对较低，直径或宽度较小的较长粗饲料（包括秸秆）直接落入底盘的概率降低，从而使留在

上层筛中的筛上物增多。

分析各层筛上物的长度发现，除了直径或宽度大于相应筛盘筛孔的筛上物外，其他大部分（80%以上）筛上物的长度都远大于其对应的上层筛筛孔尺寸，这主要是由于筛盘的筛网厚度较小、物料颗粒的直径也大都较小。本研究在参阅有关资料基础上，在将样品颗粒大小分成三组：>19mm 颗粒组、8～19mm 颗粒组、小于 8mm 颗粒组时，可将筛网孔径为 5mm 筛盘的筛上物计入 8～19mm 颗粒组。

综上可知，用冲孔筛组的振动筛分法测定全混合日粮的粒度分布更为合理。

第二节　全混合日粮混合均匀度的检测方法

全混合日粮是由粗饲料、精饲料（包括谷物、蛋白质、矿物质和维生素）混合在一起构成的均衡日粮，混合均匀的全混合日粮可保证同样的营养，则混合均匀度（变异系数 C_V）是全混合日粮供应质量的一个重要评价指标。变异系数小于 10% 是目标，然而许多发表的和未发表的报告常有变异系数高于 10% 的情况，报告的变异系数取决于使用的示踪剂或标记物。

对于混合均匀度（变异系数 C_V）的测定，美国农业生物工程师学会（American Society of Agricultural and Biological Engineers，ASABE）有关固体物料混合的标准 S303.4（ASABE Standards，2011a）要求至少取 10 个样本，采用变异系数作为主要的混合均匀度测量方法。ASABE 标准 S380（ASABE Standards，2011b），要求用盐或整粒玉米等作示踪剂，变异系数作为混合均匀度测量指标。

目前，较常用的全混合日粮混合均匀度检测方法主要有物理法、筛分法（粒度分布测量法）和化学法。由于物理法较为简单、成本低、应用方便，因此，重点对其进行阐述。

一、美国学者关于物理法的研究

美国学者 Dennis（2014）采用粒度分布测量法和物理示踪剂的方法通过试验来评价全混合日粮的均匀度，包括不同的示踪剂类型、示踪剂放置位置（方式）以及混合时间。

采用两种不同的全混合日粮混合机（图 3-4）和四种不同的示踪剂进行混合试验，其中示踪剂数量是 1kg 样品预期有 15～30 个可计数的单位。应用的可计数示踪剂包括白豆、黑豆、带绒毛的整粒棉籽、整粒玉米（日粮组成中无整粒玉米），其千粒重分别为 286g、188g、85g、338g。将示踪剂按设计的位置放入混合机，以便评估示踪剂放置位置（方式）以及示踪剂类型对混合均匀度的影响。此外，利用粒度分析装置（宾夕法尼亚州颗粒分离器）对粒度分布进行测定，四个尺寸范围包括>19mm、8～19mm、1.2～8mm、<1.2mm，每批均匀取 10 个样品，以累积分数对混合均匀度进行评估分析。

(a)卷筒式全混合日粮混合机　　　　(b)拨板式全混合日粮混合机
(Rotomix 354)　　　　　　　　　(Calan Super Data Ranger)

图 3-4　两种试验用全混合日粮混合机

（一）卷筒式全混合日粮混合机

试验设备：Rotomix 354 型卷筒式全混合日粮混合机如图 3-4（a）所示。

试验日粮：由 48%全株青贮玉米、20%草青贮、10%高水分玉米、4%干草，以及粉碎谷物和补充物组成；每批日粮大约填充到卷筒式全混合日粮混合机的 1/3 额定容量，即 908kg。

示踪剂：白豆、黑豆、带绒毛的整粒棉籽、整粒玉米。

试验条件：混合时间 350s、600s 和 1100s；每批日粮中，示踪剂被放入（已装填日粮）卷筒式全混合日粮混合机的位置（方式）分别为后部（集中倒入）、前部（集中倒入）、中部（集中倒入）与抛撒（用手将其分布到混合机的整个区域）。卷筒式全混合日粮混合机在装填过程中关闭，并在确定的混合时间后，以大致相等的间隔时间均匀取 10 个约 1.5kg 的样品。试验结果见表 3-3。

表 3-3　卷筒式全混合日粮混合机（12 批日粮）对应的变异系数

批次	混合时间 /s	整粒玉米 /%	黑豆 /%	白豆 /%	带绒毛的整粒棉籽/%	>19mm 颗粒 /%	>8mm 颗粒 /%	>1.2mm 颗粒 /%
1	350	30.8[b]	39.3[c]	38.9[a]	Nd	24.6	6.15	1.022
2	350	24.6[c]	34.5[a]	33.9[d]	Nd	14.0	2.72	0.718
3	350	27.5[a]	32.7[d]	25.8[b]	Nd	16.8	4.75	0.478

批次	混合时间 /s	整粒玉米 /%	黑豆 /%	白豆 /%	带绒毛的整粒 棉籽/%	>19mm 颗粒 /%	>8mm 颗粒 /%	>1.2mm 颗粒 /%
4	350	26.4[d]	42.7[b]	21.7[c]	18.7[a]	14.5	2.41	0.536
5	600	30.3[b]	33.1[c]	38.6[a]	18.0[d]	21.9	4.17	0.475
6	600	25.3[c]	34.3[a]	32.2[d]	17.0[b]	12.4	3.11	0.727
7	600	24.0[a]	32.9[d]	43.6[b]	16.2[c]	26.2	3.65	0.562
8	600	33.0[d]	29.5[b]	29.7[c]	16.1[a]	28.5	3.88	0.540
9	1100	21.2[b]	34.5[c]	27.8[a]	15.0[d]	28.1	4.23	0.560
10	1100	27.4[c]	28.7[a]	34.2[d]	22.2[b]	26.8	4.81	0.730
11	1100	37.1[a]	32.4[d]	41.7[b]	16.2[c]	18.2	3.47	0.586
12	1100	24.4[d]	24.7[b]	32.9[c]	24.5[a]	17.1	5.14	0.538

注：每批次取10个样品；Nd表示无数据；上角标a、b、c、d分别表示每批日粮对应示踪剂被放入卷筒式全混合日粮混合机的位置（方式）为前部、中部、后部、抛撒。由于由颗粒尺寸<1.2mm的颗粒计量出来的变异系数不具有代表性，故不予考虑，下同。

由试验与表3-3可知，整粒玉米、带绒毛的整粒棉籽、黑豆、白豆为示踪剂时得出的平均变异系数分别为27.7%、18.2%、33.4%和33.4%；混合时间（350~1100s）和示踪剂放入卷筒式全混合日粮混合机的位置（方式）对变异系数均无影响；由带绒毛的整粒棉籽得出的变异系数显著低于由整粒玉米得出的变异系数；由黑豆和白豆得出的变异系数相似，两者均高于由整粒玉米得出的变异系数。这表明，示踪剂的形状和表面特征（黏附、光滑）影响测量的混合均匀度，示踪剂类型比混合时间更重要。

由粒度分布测试与表3-3可知，由长（>19mm）颗粒质量、中长及长（>8mm）颗粒质量得出的平均变异系数分别为16.7%、3.6%，且均不受混合时间的影响；由除去小于1.2mm的颗粒质量得出的平均变异系数小于1%，亦不受混合时间影响；以粒度分布情况得出的混合均匀度优于以示踪剂计数得出的混合均匀度。

（二）拨板式全混合日粮混合机

试验设备：拨板式全混合日粮混合机（Calan Super Data Ranger）如图3-4（b）所示。

试验日粮：由一种谷物混合物和少量（10%）粗饲料组成；每批日粮大约填充到拨板式全混合日粮混合机的100%额定容量，即450kg。

示踪剂：白豆、黑豆、带绒毛的整粒棉籽。

试验条件：混合时间180s、330s和600s；每批日粮中，示踪剂被放入拨板式全混合日粮混合机的位置（方式）分别为底部、中部（大约填充一半日粮时加入拨板式全混合日粮混合机）、上部（填充完日粮后加入拨板式全混合日粮混合机）。混合机在装填过程中关闭，并在确定的混合时间后，以大致相等的间隔时间均匀取 10 个约 1.5kg 的样品。试验结果见表 3-4。

表 3-4　拨板式全混合日粮混合机（9 批日粮）对应的变异系数

批次	混合时间/s	黑豆/%	白豆/%	带绒毛的整粒棉籽/%	>19mm 颗粒/%	>8mm 颗粒/%	>1.2mm 颗粒/%
1	180	15.0[b]	39.6[c]	28.2[a]	31.4	0.6	0.4
2	330	21.0[b]	9.3[c]	16.2[a]	25.9	0.6	0.6
3	600	19.6[b]	17.5[c]	17.1[a]	77.8	17.4	4.4
4	180	38.5[c]	16.5[a]	26.1[b]	32.7	9.5	2.7
5	330	16.9[c]	35.0[a]	24.3[b]	34.7	10.8	2.4
6	600	18.6[c]	38.9[a]	21.5[b]	31.3	13.7	2.6
7	180	23.5[a]	33.0[b]	20.2[c]	46.5	11.7	1.5
8	330	21.3[a]	20.2[b]	24.1[c]	50.7	16.4	3.3
9	600	13.5[a]	14.3[b]	11.7[c]	30.1	4.7	2.8

　　注：每批次取 10 个样品；上角标 a、b、c 分别表示每批日粮对应示踪剂被放入拨板式全混合日粮混合机的位置（方式）为底部、中部（大约填充一半日粮时加入混合机）、上部（填充完日粮后加入混合机）。

　　由试验与表 3-4 可知，由示踪剂得出的平均变异系数为 21.9%，示踪剂计数随样本数变化而变化的趋势较平缓，由光滑的示踪剂（黑豆、白豆）和带绒毛的整粒棉籽得出的变异系数没有差别；混合时间对变异系数的影响显著，且在试验范围内，混合时间每增加 1min，变异系数减少 1% 左右，且混合 600s 后的变异系数值（18.1%）高于推荐的水平；示踪剂类型和示踪剂放置位置（方式）对变异系数的影响不显著。

　　由粒度分布测试与表 3-4 可知，>19mm 的各层筛盘上的颗粒物料比例为 0.23%，其总颗粒质量的平均变异系数为 40.1%；>8mm 的各层筛盘上的颗粒物料比例为 42%，其总颗粒质量的平均变异系数为 9.5%；>1.2mm 的各层筛盘上的颗粒物料比例为 89%，其总颗粒质量的平均变异系数为 2.3%。由此可知，在较长、较大颗粒物料质量的比例很小的情况下，采用>19mm 的各层筛盘上的颗粒物料质量计算混合均匀度可能是不准确的。

　　总之，每种示踪剂的性能相似，较长的混合时间略微改善了均匀度，示踪剂类型和混合机内示踪剂的放置位置（方式）没有影响测量的混合均匀度。较长、较大颗粒物料（>19mm 的各层筛盘）的分布与其他颗粒物料相比均匀性较差，但这可能是因为其数量非常少时，即当某一颗粒物料粒度的分数范围（如较长、较大的颗粒物料）很小，通过其粒度分析评估混合均匀度是困难的。

二、本书关于全混合日粮混合均匀度检测研究

试验设备：研制的拨板式全混合日粮混合机，其参数为转子转速 30r/min、充满系数 50%、拨板角度 16°，混合时间为 4min、7min、10min、13min、16min，如图 3-5 所示。

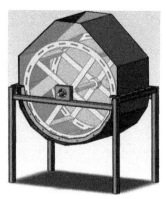

图 3-5 拨板式全混合日粮混合机结构示意

试验材料：由玉米秸秆 70%（含水率 70%）、稻秆 10%（长度 40～50mm，含水率 6.1%）、玉米面 19%（含水率 9.4%）及盐 1%［试验检测需要，食盐含水率符合《食用盐》(GB 5461—2000)］组成（各试验物料质量以干基计）。

（一）物理法

本研究分别采用芸豆（按每吨添加 24kg 计）、黑豆（按每吨添加 24kg 计）、黄豆（按每吨添加 12kg 计）、小豆（按每吨添加 12kg 计）、稻粒（按每吨添加 6kg 计）作示踪剂，通过测量不同示踪剂颗粒数的方法来计算变异系数。每组试验中取 10 个样品进行分析。试验结果如图 3-6 所示。

由图 3-6 可知，变异系数的大小关系依次为：芸豆>黑豆>黄豆>小豆>稻粒。这是因为从稻粒或小豆到芸豆的粒度和质量依次增大，粒度和质量相对大的颗粒在混合过程中容易产生分离，也容易沉积在混合机的底部。所以选用粒度和质量相对小的颗粒作为该机混合均匀度检测的示踪剂会接近理想值。从变异系数数值上看，芸豆、黑豆、黄豆、小豆、稻粒对应的最小值分别为 48.0%、32.0%、28.7%、15.5%、13.9%，由此可知芸豆、黑豆和黄豆对应的变异系数最小值比

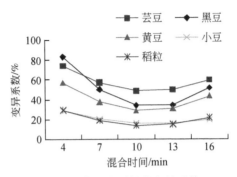

图 3-6　物理法测得的变异系数

小豆和稻粒对应值大 15%～30%。

（二）筛分法

本试验采用 19mm、8mm、5mm 和底盘组成圆形冲孔筛组，利用 SSZ-750 型筛分机振动筛分 5min，分别称出各层筛上物质量，最后依据各层筛上物质量的变异系数进行评价分析。每组试验取 10 个样品，在每个样品中各取出 100g 物料。试验结果如图 3-7 所示。

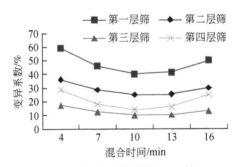

图 3-7　筛分法测得的变异系数

由图 3-7 可知，变异系数的大小关系依次为：第一层筛>第二层筛>第四层筛>第三层筛。试验原料中除了玉米秸秆外，还有占 10% 长度在 40～50mm 的稻秆，稻秆相对于玉米秸秆较长而不利于与玉米秸秆混合在一起，同时所筛分的样品中稻秆主要分布在第一层筛，致使第一层筛所含稻秆比例在每个筛分样中相差较大，变异系数较大。而第二层筛所分布的物料主要为从第一层筛孔筛落的大部分玉米秸秆，而这些物料的粒度和质量相对都较大，在混合均布过程中易于分离，导致第二层筛变异系数相对较大。第三层筛分布的主要是物料中质量较轻的碎穰和粒度较小的秸秆碎块，在混合过程中很容易渗透到其他粒度的物料中去，使这一层变异系数较小。第四层筛分布的主要是秸秆碎末和玉米面，在混合过程中易与其他粒度的物料融合渗透，但玉米秸秆含水率为70%，故其表面存在的液桥力促使玉米秸秆与玉米面产生黏附作用，在混合过程中部分玉米面会逐渐黏附在秸秆上，在筛分时所黏附的玉米面会落到底层，但是玉米面中还有一些极细小的颗粒在筛分时很难与玉米秸秆（尤其是玉米秸秆穰表面）脱离，所以第四层筛物料的变异系数介于第一层筛和第三层筛。从变异系数数值上看，第一层筛、第二层筛、第三层筛、第四层筛对应的最小值分别为40.0%、24.5%、10.0%、13.7%，由此可知第一层筛和第二层筛对应的变异系数最小值比第三层筛和第四层筛对应值大10%~30%。

（三）化学法

1. 摩尔法

本试验采用《水质 苯并（a）芘的测定 乙酰化滤纸层析荧光分光光度法》（GB 11895–1989）中规定的方法进行，在中性至弱碱性范围内（pH 6.5~10.5）、以铬酸钾（K_2CrO_4）为指示剂，用硝酸银（$AgNO_3$）滴定氯化物（RCl）生成氯化银沉淀，当有多余的硝酸银存在时，则与铬酸钾指示剂反应，生成粉红色铬酸银（Ag_2CrO_4）沉淀表示反应达到终点。该沉淀滴定的反应如下：

$$RCl（氯化物）+AgNO_3 \longrightarrow AgCl\downarrow（白色沉淀） \tag{3-1}$$

$$2AgNO_3（过量）+K_2CrO_4 \Longrightarrow 2KNO_3+Ag_2CrO_4\downarrow（粉红色沉淀） \tag{3-2}$$

试验步骤如下：按照每批试验物料质量的百分之一用量投入盐，方法是每次都将要投入的盐均匀混合于250g玉米面中，然后再投入混合机中。测定前用蒸馏水将各种用具清洗干净，每批试验物料抽取10个具有代表性的原始试样，测定称取试样10±0.05g，精确到0.002g，放入300mL的烧杯中，再向烧杯中加入200mL蒸馏水，用搅拌器搅拌15min后再静置15min。取上部溶液20mL，倒入150mL烧杯中，然后再向烧杯中加入50mL蒸馏水。另取一个烧杯加入50mL蒸馏水做空白试验。再往烧杯中加10%的铬酸钾指示剂1mL。把烧杯置于试管架长滴管下面准备滴定，滴定前，先记录硝酸银体积读数，适当放开试管架滴瓶旋塞，用标定的硝酸银溶液滴定至粉红色为终点，记录滴定后的硝酸银体积读数，算出硝酸银的用量。同法做空白滴定。

氯化物含量 C（mg/L）按式（3-3）计算：

$$C = \frac{(V_1 - V_0) \times M \times 35.45 \times 1000}{V_2} \tag{3-3}$$

式中，V_0 为蒸馏水消耗硝酸银标准溶液量，mL；V_1 为试样消耗硝酸银标准溶液量，mL；M 为硝酸银标准溶液浓度，mol/L；V_2 为试样体积，mL。

2. 甲基紫法

本试验采用《饲料产品混合均匀度的测定》（GB/T 5918—2008）中规定的方法进行，将测定用的甲基紫充分研磨，使其全部通过100μm标准筛。

试验步骤如下：按照每批试验物料质量十万分之一的用量在加入添加剂的工段投入甲基紫，投入甲基紫的方法是每次都将要投入的甲基紫均匀混合于250g玉米面中，然后在加入玉米面时加入该混合物。每批试验物料抽取10个具有代表性的原始试样，并粉碎通过孔径1.40mm筛孔。称取试样10±0.05g精确到0.002g，放入150mL的具塞锥形瓶中，使用移液管精确加入30mL乙醇，盖上瓶塞后振荡5min后静置，30min后使用中速定性滤纸过滤至比色管中，以无水乙醇作空白调节零点，用分光光度计以10mm比色皿在590nm的波长下测定同一批次10个试样滤液的吸光度值。

化学法测得的变异系数试验结果如图3-8所示。由化学法的试验与图3-8可知，甲基紫法和摩尔法测得的变异系数最小值分别为9.2%、4.0%，而且测得的变异系数值都在较小的范围内变化，这是因为在混合前已将甲基紫或盐均匀混合于250g玉米面中，然后在加入玉米面时加入该混合物，经过一定混合过程后该混合物会随玉米面均匀分布，因此，获得的变异系数较低。变异系数大小关系为：甲基紫法>摩尔法，这是因为甲基紫法要求较严，所用无水乙醇易挥发，易带来测量误差等。

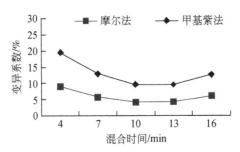

图3-8　化学法测得的变异系数

（四）试验总结

通过拨板式全混合日粮混合机的试验研究可知，对混合均匀度的检测方法优选化学法（变异系数<10%），筛分法（变异系数10%～40%）和物理法（变异系数10%～50%）次之。

第四章 双轴卧式全混合日粮混合机研究

第一节 双轴卧式全混合日粮混合机设计及试验准备

影响全混合日粮加工质量的因素较多，如何合理地设计混合机结构，并选择合理的试验方案，以揭示对反刍动物全混合日粮加工质量产生影响的混合机结构与运动参数的影响规律，并分析其混合机理是研究的重点。

一、双轴卧式全混合日粮混合机设计

（一）总体方案的确定

鉴于反刍动物全混合日粮的特点，本研究运用了将剪切、揉搓及混合功能有机地融于一体的设计思想。根据文献检索和前人研究基础，确定本研究反刍动物全混合日粮混合机采用双轴的型式，并按此进行了总体方案确定和具体零部件设计。

总体方案考虑到剪切、揉搓技术要求的差异性，确定双轴分别完成剪切及揉搓作业，双轴采用差速旋转，以分别满足剪切及揉搓作业的技术要求；同时通过双轴的旋转完成饲料的混合。试验装置示意如图 4-1 所示，设备照片如图 4-2 所示。

该机主要由剪切转子、揉搓转子、上机体、底壳体等几部分组成，其混合室净尺寸：长度 L 为 1440mm，宽度 W 为 1200mm，高度 H 为 1000mm，半径 R 为 260mm。

（二）转子及底壳体的设计

转子（包括剪切转子和剪揉搓转子）是双轴卧式全混合日粮混合机的重要部件，它和混合机外壳体（包括上机体和底壳体）形成混合室。反刍动物全混合日粮在混合室内受到剪切、揉搓及混合加工，因此，对转子及底壳体的设计是

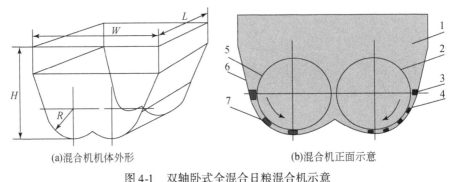

(a)混合机机体外形　　　　　　　　　(b)混合机正面示意

图 4-1　双轴卧式全混合日粮混合机示意

1. 混合室　2. 揉搓转子　3. 齿杆　4. 底壳体　5. 剪切转子　6. 上机体　7. 定刀

图 4-2　双轴卧式全混合日粮混合机外形

本研究的关键。

设计转子时，考虑到剪切转子和揉搓转子属差速运行，为使两个转子产生均匀的混合过程，并使剪切及揉搓加工阻力均匀，因此，转子轴的叶板布置成180°的双螺旋线方式。在转子轴上按双螺旋线等距布置相应的叶板，叶板间距为180mm，中部相邻的叶板相位角该机设计为26°（转子轴两端叶板与其相邻的叶板相位角该机设计为25°），且两个转子相同横截面上的对应叶板相位相反，即剪切转子轴上叶板为正排列，揉搓转子轴上叶板为反排列。关于叶板正排列的规定是，当从物料运动的反方向看时，转子轴上叶板的排列顺序方向与转子轴的转动方向相同。而关于叶板反排列的规定与上述相反。叶板正排列时，物料从一个叶板处被推送到下一个紧邻叶板处，每一次转子轴只需旋转25°～26°就能够达到；而叶板反排列时，物料从一个叶板处被推送到下一个紧邻叶板处，每一次转子轴需旋转约155°才能够达到。因此，就单根轴上紧邻的两个叶板而言，叶板正排列要比反排列推送得快。这样排列是因为剪切转子上的叶板较揉搓转子上的叶板窄。剪切转子叶板和揉搓转子叶板布置（从机器的前端看，即剪切转子从逆物料运动方向、揉搓转子顺物料运动方向看）示意如图 4-3 所示。考虑到剪切和揉搓的要求，剪切叶板两侧皆可布置切刀，即每个剪切叶板可布置 2 把切刀；揉搓叶板可布置两种共 3 把揉搓刀。为实现物料在双轴卧式全混合日粮混合机混合过程中的循环运动，在剪切转子和揉搓转子的端部都设有抛送叶板，以使物料在运动到混合室的端部后能快速进入另一转子区继续进行加工。

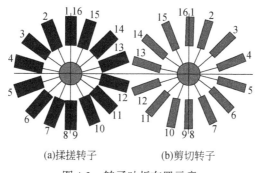

(a)揉搓转子   (b)剪切转子

图 4-3　转子叶板布置示意

混合机底壳体布置示意如图 4-4 所示。考虑到剪切、揉搓及混合加工的需要，将底壳体设计成"w"双槽形，一侧为剪切区，一侧为揉搓区。整个底壳体为一个整体，并由 12 块平板组成折（切）线槽体，即整个底壳体由 12 平板呈折

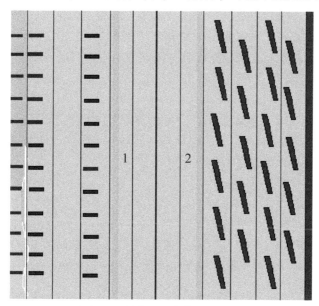

图 4-4　混合机底壳体布置示意
1. 剪切区定刀布置　2. 揉搓区揉搓刀布置

（切）线组成，这样的设计有利于提高剪切、揉搓及混合加工的效果。在底壳体剪切区设有定刀，整个剪切区共设 3 排定刀，在每排定刀中为每个剪切叶板（装有 2 把切刀）设 2 个定刀；在底壳体揉搓区设有 5 排揉搓齿杆，第 1 排齿杆为固定的整根长条形，其余 4 排由多个短齿杆组成，除第 1 排齿杆外，其余 4 排齿杆可调整与轴线所成角度。整个底壳体通过螺栓与机体相连接并固定，且通过这些螺栓可进行转子间隙调整，即整个底壳体相对机体可上下调整。

二、试验仪器设备与材料

（一）试验仪器设备

（1）双轴卧式全混合日粮混合机（东北农业大学工程学院研制）如图 4-2 所示。该设备试验时的主要调整部分有：转子轴上的叶板与轴向所成角度调整；混合机底壳体间隙调整；揉搓区齿杆与轴向所成角度调整；揉搓区底壳体上所装齿杆数量及剪切转子上的叶板所装刀片数量调整等。

（2）样品振动筛分机（常德市仪器厂）。

（3）DF-110 型电子分析天平，精度 0.1mg（常熟衡器工业公司）。

（4）东农 HJ150 型饲料混合机（东北农业大学工程学院）。

（5）9RZ-50 型秸秆铡揉机（黑龙江省农业机械工程科学研究院）。

（6）锤片式粉碎机（东北农业大学工程学院）。

（7）DWF-100 型电动植物粉碎机（河北省黄骅市科研器械厂）。

（8）V5.1 型数字式高速摄像机（1200 帧/s，4G，美国 Vision Research 公司）。

（9）DHG-9053A 型鼓风烘干箱（上海益恒实验仪器有限公司）。

（10）LNK-871 型快速自动蒸馏器（江苏省宜兴市科教仪器研究所）。

（11）变频调速控制器（日本富士）。

（二）试验材料

本试验研究采用青贮玉米（40%）、玉米秸秆（25%）、苜蓿干草（3%）、玉米面（31%）和盐（1%，试验检测需要）作为试验原料（以干物质计）。青贮玉米、玉米秸秆、苜蓿干草、玉米面的含水率分别为 78.3%、30.3%、9.1%、10.1%，盐含水率符合《食用盐》（GB 5461—2000）。

三、试验方法及指标测定方法

（一）试验方法

混合加工试验采用二次旋转正交组合试验设计进行。选取转子转速、转子间隙、齿杆角度、混合时间及加料数量进行试验研究，以饲料混合均匀度、日粮细粉率及单位时间功耗为评价指标。

（二）指标测定方法

1. 含水率的测定方法

依据《农业机械　试验条件　测定方法的一般规定》（GB/T 5262—1985）进行测定。

2. 盐分的测定方法

依据《配合饲料混合均匀度的测定》（GB/T 5918—1997）进行测定。

3. 日粮细粉率的测定方法

借鉴已有的资料，本研究选用日粮细粉率作为混合试验的一个评价指标；日粮细粉率是指最大尺寸小于 5mm 的日粮质量占样品总质量的比例，根据已有资料和本试验所加的日粮情况，要求细粉率为 40% ~60%。其测定方法如下。

每组试验取 3 个样品，在每个样品中各取出 100g 物料，用 19mm、8mm、4.75mm 和底盘组成的标准冲孔筛组，使用样品振动筛分机筛分 5min，称出 4.75mm 筛下物质量，算出其占总质量的比例，最后取 3 组的平均值作为加工日粮细粉率。计算公式如下：

$$\lambda = \frac{D}{Q} \times 100\% \tag{4-1}$$

式中，λ 为日粮细粉率，%；D 为标准筛组底盘中（最大尺寸小于 5mm）的日粮质量，g；Q 为样品总质量，g。

4. 饲料混合均匀度的测定方法

根据已有的资料及本研究的预备试验，本研究饲料混合均匀度选用变异系数进行评价，并确定盐作示踪剂，试验中取 10 个样品进行盐含量的分析。粉状饲料混合加工标准要求变异系数小于 10%，参考国外的研究资料，对全混合日粮，变异系数为 10% ~20% 时，全混合日粮的混合质量可以接受，但需要改进。变异系数的计算公式如下：

$$C_{\mathrm{V}} = \frac{S}{X} \times 100\% \tag{4-2}$$

式中，C_V 为混合物样品的变异系数，%；S 为混合物样品的标准差；$\bar{X}$ 为混合物样品的平均值。

5. 单位时间功耗的试验方法

单位时间功耗采用秒表法进行测定。

四、试验准备及试验参数确定

（一）试验准备

将双轴卧式全混合日粮混合机按图 4-1（b）所示进行布置，形成混合试验状态。

将剪切转子轴上安装的剪切叶板按相同螺旋线方向布置，并皆与轴线成 30°；将揉搓转子轴上安装的揉搓叶板按相同螺旋线方向布置（但与剪切叶板螺旋线方向相反），并皆与轴线成 35°（由揉搓试验确定）。剪切转子及揉搓转子旋转方向（由试验确定）如图 4-1（b）所示。

（二）试验参数确定

考虑到影响剪切、揉搓及混合的因素较多，本试验根据已有资料及本试验台的具体设计，主要确定以下参数进行相关研究，其具体变化范围也确定如下。

1. 剪切转子转速（切刀剪切线速度）

剪切转子上安装的叶板装有切刀，并在机器底壳体上配有定刀。剪切转子转速直接决定了切刀剪切线速度，因此决定剪切转子转速时应充分考虑物料剪切的线速度要求，同时也应充分注意混合对转速的要求。

根据已有的资料，由于反刍动物全混合日粮（尤其是奶牛饲料）中包含有青贮饲料等高湿度物料，有支持剪切的剪切线速度要求大于 1.56m/s，据此确定剪切转子转速应在 60r/min（切刀的旋转半径为 0.25m）以上。在进行二次旋转正交组合试验时，剪切转子转速参数范围定为 60~110r/min。后者转速的确定进一步考虑了混合对转速的要求。

2. 揉搓转子转速

揉搓转子上安装的叶板装有揉搓刀，并在机器底壳体上配有齿杆，考虑到混合对转速的要求及已有资料，揉搓转子转速应低于剪切转子转速。因此本试验中，考虑到试验误差及试验结果的显著度，揉搓转子转速参数范围定为 36~128r/min。

3. 剪切转子间隙

剪切转子间隙是指剪切叶板（也是切刀顶部）至混合室底壳体的最小距离。

剪切转子间隙的确定应充分考虑物料剪切时动刀与定刀应有一定的重合度，以保证有效的动定刀配合，同时也应充分注意混合对底间隙的要求。由于定刀的高度为 16mm，混合机转子底间隙一般为 10mm 左右，因此，在剪切试验中，剪切转子间隙参数范围定为 6~12mm。转子间隙过小则摩擦增加，转子间隙过大则对剪切及混合不利。

4. 切刀数量

根据该机的具体设计，剪切转子轴两端需装抛送叶板，只有中部 6 组共 12 个叶板可安装切刀，每个叶板可安装 2 把切刀，因此本试验中，为进行基本的剪切加工，切刀数量参数范围定为 6~24 把。

5. 揉搓转子间隙

揉搓转子间隙是指揉搓叶板上安装的揉搓刀顶部至混合室底壳体的最小距离。将物料揉成丝状物比较理想，而齿杆的高度为 10mm，同时考虑到混合对底间隙的要求，本试验中揉搓转子间隙（减去 10mm 即为揉搓刀与揉搓齿杆间的间隙）取值范围定为 11~15mm。

6. 揉搓叶板角度

揉搓叶板角度是指揉搓叶板与揉搓转子轴线间的夹角。揉搓转子上安装的揉搓叶板可进行角度调节，根据已有的资料以及实际的可能，该机在设计上允许揉搓叶板角度进行较大的调整（最大至 70°），以确定揉搓叶板角度对揉搓效果的影响。因此本试验中，揉搓叶板角度调整范围定为 20°~60°。

7. 齿杆角度

齿杆角度是指揉搓齿杆与揉搓转子轴线方向的夹角。该机在设计上允许齿杆角度进行调整，以确定齿杆角度变化对揉搓及混合的影响。在混合试验中，齿杆角度的增大（顺着旋转方向）有助于加大齿杆与揉搓刀间形成滑切角，有利于减小物料的尺寸。根据已有资料及该机的实际设计，在本试验中，齿杆角度调整范围定为 0°~20°。

8. 揉搓齿杆数量

揉搓齿杆数量是指揉搓齿杆的排数。将物料揉成丝状物比较理想，而只有揉搓刀是不够的，必须安装与揉搓刀相配的揉搓齿杆。将揉搓齿杆数量设为因素进行研究，以确定揉搓齿杆数量变化对揉搓效果的影响。根据已有的资料以及该机的设计，在本试验中，揉搓齿杆数量参数范围定为 1~5 排。揉搓齿杆数量过少不利于提高物料揉丝率，揉搓齿杆数量过多不利于降低物料细粉率。

9. 加工时间

加工时间将影响剪切、揉搓及混合加工的效果，因此将其选为试验因素。根据已有的关于混合加工的资料（奶牛全混合日粮混合时间一般为 6~16min），在本试验中，剪切、揉搓及混合时间参数范围定为 4~16min。

10. 加料数量

根据该机的设计以及加工物料的特性，本试验中混合加工加料数量参数范围定为 20~80kg。

11. 物料湿度

根据反刍动物全混合日粮加工的需要（奶牛全混合日粮饲料湿度参数范围为 40%~50%），混合加工物料湿度参数范围定为 40%~50%。

（三）混合试验双轴转速确定

从图 4-5 可以看出，两个转子轴上的叶板将物料一边沿各自轴向向前（两个转子轴上的叶板推动物料沿轴向前进的方向相反）推动、一边沿横向向另一轴方向推动，结果使物料相互进入对向区域，形成强烈的对流运动。试验也证实了上述分析，试验中还发现，只要两个转子轴转速选择合适物料，在剪切区和揉搓区分布均匀，且两个转子间推送的物料在混合室中部具有强烈的对流及涡流，在整个混合室内就不存在任何混合盲区。

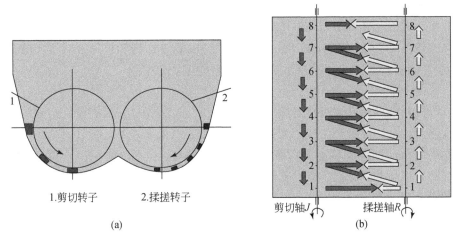

1.剪切转子　　　2.揉搓转子

(a)　　　　　　　　　　　　　(b)

图 4-5　两个转子轴的转向配置与物料混合过程水平截面示意

根据已有资料、该机设计及前部试验结果，在混合试验中固定剪切转子转速与揉搓转子转速的比值为 1.25。

根据已有资料、该机的具体设计及转子转速对功耗的影响，为了增加试验的显著度，在混合试验中，揉搓转子转速参数范围定为 42~94r/min。

第二节　双轴卧式全混合日粮混合机机理分析

在反刍动物全混合日粮生产中，已有的双轴卧式全混合日粮混合机所用的主要工作部件是两个等速相对运转的满面螺旋，螺旋叶片上安装有刀片，由其完成全混合日粮的揉切及混合加工。但由于缠绕等问题，螺旋式双轴卧式全混合日粮混合机应用不多，在其混合机理方面论述也很少，主要强调的是两螺旋的相对旋转使物料混合均匀。

本研究设计的双轴卧式全混合日粮混合机，与已有的双轴卧式混合机有明显的不同：第一，该机的双轴具有不同的结构，该机的两个转子上安装的叶板大小不同，且相邻的叶板布置的相位也不同，即两个转子上的叶板排列为剪切转子正排列揉搓转子反排列；第二，该机的双轴是差速运转的，即两个转子运动速度不同，两个转子相对差速旋转；第三，从功能上看其主要区别是，该机的两个转子分别完成剪切、揉搓并同时完成混合作业，因此，其底壳体上剪切区安装有定刀及揉搓区安装有揉搓齿杆、两个转子的叶板上分别安装有剪切动刀及揉搓刀；第四，底壳体采用了整体折（切）线结构，且可通过调节机构调节它与两个转子之间的间隙；第五，该机加工的物料特性差异大（物料粒度、湿度及容重皆如此）；第六，该机在设计上除注意混合质量外，同时注意纤维物料物理特性的变化。总之，本研究的机器与已有的双轴卧式混合机有较大差异，本研究的机器是在保证剪切、揉搓加工过程质量的同时实现物料的均匀分布的。

一、混合过程分析

为研究双轴卧式全混合日粮混合机的混合机理，先对叶板对物料的作用进行分析。如图 4-6 所示。

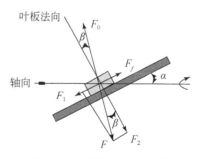

图 4-6　物料受力分析示意

图 4-6 中的 α 为叶板与转子轴之间的夹角，F_f 为物料与叶板工作表面间的摩擦力。设叶板在做旋转运动时对物料单元施加的作用力合力为 F_0，则物料单元对叶板产生的反作用力 $F = F_0$，由于物料与物料、物料与叶板工作表面间摩擦力的存在，合力 F_0 与叶板法线方向成一夹角 β。而反作用力 F 可进一步分解成两个分力：一个为沿叶板工作表面宽度方向的下滑力 F_1，一个为垂直于叶板工作表面的正压力 F_2。下滑力和正压力按式（4-3）计算：

$$F_1 = F\sin\beta, \quad F_2 = F\cos\beta \tag{4-3}$$

从图 4-6 中可以看出，只有物料沿叶板工作表面宽度方向的下滑力 F_1 大于等于物料与叶板工作表面间的摩擦力 F_f 时，物料才能沿叶板工作表面宽度方向运动，从而实现物料沿轴向的运动。否则叶板不能推动物料沿轴向移动。

设 f 为物料与叶板工作表面间的摩擦因数。则物料沿轴向的运动的条件为

$$F_1 - F_f \geq 0 \tag{4-4}$$

即

$$F\sin\beta - Ff\cos\beta \geq 0 \tag{4-5}$$

$$B \geq \arctan f \tag{4-6}$$

从图 4-6 中可以看出，叶板角度 α 大于 β，叶板角度 α 过小（$\beta < \alpha < \arctan f$）时，叶板只能带动物料绕转子轴转动，叶板不能推动物料沿轴向移动。

从图 4-7 中可以看出，叶板角度满足 $\alpha > \beta \geq \arctan f$ 时，物料受叶板的旋转带动，一方面与叶板一起作圆周运动，一方面沿叶板工作表面的宽度方向移动。而物料沿叶板工作表面宽度方向的移动速度 v 可进一步分解成两个分速度：轴向速度 v_1 和切向速度 v_2。

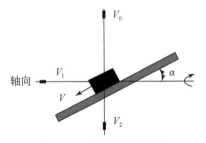

图 4-7 物料运动分析示意

设叶板运动的线速度为 v_0，物料横向运动的线速度为 v_m，则各速度的计算如下：

$$v_1 = v\cos\alpha \tag{4-7}$$

$$v_2 = v\sin\alpha \tag{4-8}$$

$$v_m = v_0 - v_2 = v_0 - v\sin\alpha \tag{4-9}$$

从上面的物料受力分析及物料运动分析可知，影响物料在混合室内运动的主要因素是叶板角度 α 及叶板运动的线速度 v_0（即转子的转速）。当叶板角度 α 确定的情况下，叶板运动的线速度 v_0（即转子的转速 n）增大，则叶板对物料的作用力增大，物料沿叶板工作表面宽度方向的总移动力加大，物料沿叶板工作表面宽度方向的移动速度 v 也就增大，从而使物料沿轴向的运动速度加快；否则，物料沿轴向的运动速度降低。而在叶板运动的线速度 v_0（即转子的转速 n）确定的情况下，当叶板角度 α 过大（超过 50°）时，物料沿叶板工作表面宽度方向的移动速度 v 增大，但轴向速度 v_1 降低（因为 $\cos\alpha$ 下降更大），从而使物料沿轴向的运动速度减小，同时切向速度 v_2 增加，使物料横向运动的线速度 v_m 减小，进而使物料横向的运动减弱。

因此恰当地确定叶板角度 α 及叶板运动的线速度 v_0（即转子的转速 n），将使物料在横向和纵向都得到有效的混合。另外，在确定转子的转速时，也应考虑降低功耗问题，因为功耗与转速成正比。

经过试验优化及分析，本研究的机器将揉搓叶板与轴线间的夹角确定为 35°，将揉搓转子的转速确定为 40 ~ 45r/min；将剪切叶板与轴线间的夹角确定为 30°，将剪切转子的转速确定为 60 ~ 65r/min；并且两个转子上的叶板皆按双螺旋线方向布置。这样既考虑了剪切、揉搓与混合加工，又考虑了功耗指标。进一步分析其混合过程如下。

从图 4-8 可以看出，剪切转子与揉搓转子上的叶板设置使其推送的物料运动方向相反，且在轴末端（按运动方向计）设有抛送叶板，以便将物料抛送至另一轴区，从而实现物料在机内的循环运动，进而使机内物料在两个相对旋转的转子作用下，进行多重复合运动（既有圆周运动，又有轴向运动）。从图 4-9（a）可以看出，混合机工作时，两个转子相对旋转，且转子轴上以一定的相位排列安装有叶板，因此在两个转子相对旋转过程中，物料被甩起并随其一道旋转。这样，两个转子上的叶板利用相位差及转速差将物料反向旋转甩起，使剪切区及揉搓区的物料在沿各自轴向输送过程中也相互落入另一区域或落入两转子轴的中间区域，从而形成物料的强烈交叉对流，并在混合机的中央部位形成一个流态化的失重区。从图 4-8 及图 4-9（b）也可以看出，R_{n-1} 与 J_n 处对应叶板在推送物料沿轴向运动过程中也使物料向另一轴区运动，并有机会使物料在中部形成正面碰撞，从而在中部区域形成两股物料因正面碰撞而产生快速向上的喷发，而后物料在重力作用下下降，使得物料有机会进行强烈的对流、剪切及扩散混合。

正是在两个转子相对旋转过程中，物料一边随其一道旋转，一边由两个转子推动向另一区域进行横向运动，使物料产生了强烈的对流混合。两个转子的差速旋转以及物料内的速度分布，在物料混合过程中会产生物料颗粒间的相互滑动，

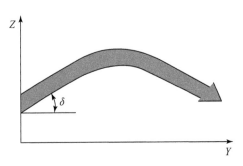

图 4-8　物料抛送路线示意

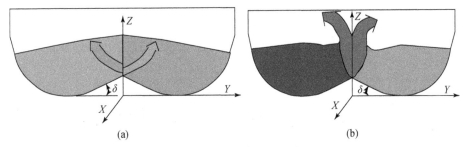

图 4-9　物料混合过程示意

从而使物料同时产生强烈的剪切混合。同时两个转子轴的旋转将物料抛起，物料在离开叶板时由于惯性作用形成物料的散落，物料颗粒能够进行充分的扩散混合。

在图 4-9 中设立 X（轴向）Y（横向）Z（高度方向）三维坐标系。由图 4-7 所进行的物料运动分析可知，物料轴向运动的线速度为 v_1，物料横向运动的线速度为 v_m。正是物料的横向运动使图 4-8（a）中剪切区和揉搓区的物料产生了更强烈的横向对流运动。在 Y–Z 坐标系中，物料横向运动的线速度使物料进入另一区域时产生抛物线状的运动，如图 4-8（b）和图 4-9（a）所示，此时物料运动的位移方程为

$$x = v_1 t, \qquad y = v_m t \cos\delta, \qquad z = v_m t \sin\delta - gt^2/2 \qquad (4\text{-}10)$$

式中，x、y、z 分别为物料在三维坐标系相应方向的位移；δ 为混合室底部切向结构角；g、t 分别为重力加速度、物料运动的时间。

从前面的运动分析及上述位移方程可知，只要叶板角度 α 及叶板运动的线速度 v_0（即转子的转速 n）选择合适，物料在被抛送过程中，能够在混合室形成三维空间运动，从而使物料在混合室中能够进行三维全方位的立体混合，这种立体混合保证了物料快速充分的均布进程。如图 4-10 所示。

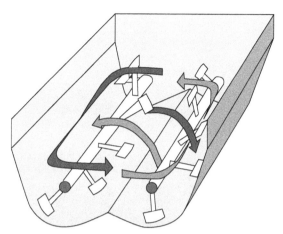

图 4-10 物料三维立体混合过程示意

当差速旋转的剪切转子轴和揉搓转子轴上的叶板推送的物料在混合室中部产生正碰撞时，两股物料的运动速度迅速转化为主要沿 z 轴方向的向上运动速度，从而产生向上的迸发运动，两股物料发生正碰撞前的运动速度不同，两股物料在发生正碰撞后的向上运动速度仍保持一定的速度差，即两股物料间有相对滑动，这样就形成了物料间强烈的对流及剪切混合；同时两股物料在 x、y 轴方向仍进行一定的运动（其中沿 x、y 轴两股物料运动方向相反），使两股物料在发生正碰撞后的运动过程中，在 x、y 轴方向仍保持一定的相对运动，即两股物料产生相对滑动与相互渗透，因而也形成了物料间强烈的对流及剪切混合；两股物料在先后到达最高点后，由重力作用向下散落，从而形成了物料间强烈的扩散混合。以上分析说明，两股物料在混合室中部产生正碰撞时，在混合室三维空间发生了更强烈的对流混合、剪切混合及扩散混合。

在混合室三维空间发生了更强烈的对流混合、剪切混合及扩散混合，使双轴卧式全混合日粮混合机能够迅速将湿度、容重、粒度等特性相差悬殊的多种原料混合均匀。

二、基于高速摄影技术的混合机理研究

为了深入研究双轴卧式全混合日粮混合机混合机理，本研究应用了数字式高速摄像机对物料混合过程进行了研究，如图 4-11 ~ 图 4-14 所示。采用的转子转速为：揉搓转子 50r/min，剪切转子 65r/min。图 4-11 所示的画面是顺着轴向对着混合室中部进行拍摄的，截取的是物料在混合室中部发生正面相遇的情况，取出的照片时间间隔为 0.051s。图 4-12 所示的画面是垂直于轴向对着混合室中部

进行拍摄的，截取的是物料在混合室中部发生正面相遇物料运动的情况，取出的照片时间间隔为 0.054s。

图 4-11　物料在混合室中部发生正面相遇（顺着轴向对混合室的中部进行拍摄）

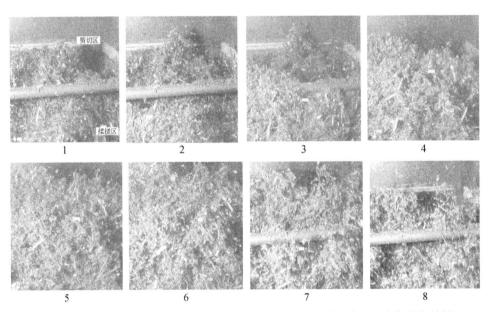

图 4-12　物料在混合室中部发生正面相遇（垂直于轴向对着混合室的中部进行拍摄）

从图 4-11 所示的画面可以看出（图中显示的圆管为混合室的正中部区域），剪切转子与揉搓转子上的对应叶板（即图 4-8 中 R_{n-1} 与 J_n 处叶板）在将物料向前推送过程中，使物料在混合室中部形成了强烈的正碰撞，其对向运动力转化为向上的冲力，从而使物料呈迸发状向上快速运动，图 4-11 中标号为 1~3 的图显示了剪切区一股物料在发生正碰撞后向上运动的轨迹，其中图中的白色标记显示的是此股物料的顶部轨迹，图 4-11 中标号为 4~6 的图显示了沿剪切轴推送物料的前进方向又一股物料在发生正碰撞后向上运动的轨迹，其中图中的白色标记显示的也是此股物料的顶部轨迹；由于在此过程中剪切转子与揉搓转子上的对应叶板（差速运转）推送物料速度有差异，两股物料因正碰撞而向上运动的速度不同，从图上可看出两股物料先后上升至其最高的高度，图 4-11 中标号为 2、3 的图显示了剪切区和揉搓区发生正碰撞的两股物料先后上升至其最高点的情况，其中剪切转子上的叶板推送物料的速度较高，从而其推送的物料上升高度较大，且先上升至其最高点，因此在上升过程中两股物料间也有相对滑动；图 4-11 中标号为7、8 的图显示了剪切区和揉搓区的物料在上升至最高点后，物料受惯性作用呈散落状下落的情况，图中的白色标号显示了剪切区一股物料的顶部的下落轨迹。因此，当剪切转子与揉搓转子相对差速运转时，剪切转子与揉搓转子上的对应叶板使物料在实现轴向运动的同时，在混合室中部也使物料有机会产生正碰撞，此时，在混合室三维空间物料间产生了强烈的对流混合、剪切混合及扩散混合。

从图 4-12 所示的画面可以看出，剪切转子与揉搓转子上的对应叶板在将物料向前推送过程中，剪切转子上的叶板在将物料向前推送时其横向分速度较大，因而在物料向前推送时将物料抛送较高（图 4-12 中标号为 1、2 的图显示的高点物料），同时剪切转子上的底部叶板也以较快的速度将物料横向推向揉搓区。在图 4-12 中标号 1~3 的图（图中显示的圆管为混合室的正中部区域），图中的白色标记（表示的是一股物料的前部）的位置变化表示了揉搓转子上的对应叶板将物料向前推送的进程，当剪切区向前推送的物料与此股物料恰好在混合室中部相遇时，在混合室中部就形成了强烈的物料碰撞，其对向运动力转化为向上的喷发力，从而使物料呈进发状快速向上运动，图 4-12 中标号为 4~6 的图中可以看出揉搓转子上的对应叶板推送的物料迅速向上运动的进程，当其运动到一定高度后，开始受重力作用下落，这可从标号为 7、8 的图中看出，从图 4-12 中标号为7、8 的图中也可看出剪切区推送的物料的下落进程；在此过程中剪切转子与揉搓转子上的对应叶板（差速运转）推送物料速度有差异，两股物料因正碰撞而向上运动的速度不同，两股物料中揉搓区的物料先下降至低点，剪切区的物料由于速度较高后下降至低点，这进一步证明两股物料间有相对滑动。因此，当剪切转子与揉搓转子上的对应叶板差速运转使物料产生正碰撞时，在混合室三维空间物料间产生了强烈的对流混合、剪切混合及扩散混合。

当两股物料不在混合室中部相遇时，其中的一股物料将越过混合室中部进入另一轴区，进入另一轴区的物料运动速度降低，因而在其与这一轴区的物料相遇时不会产生强烈的向上喷发状态，此时也会产生物料间的对流混合、剪切混合及扩散混合（图 4-13 和图 4-14 所示）。图 4-13 和图 4-14 所示的画面分别为顺着轴向对着混合室中部及垂直于轴向对着混合室中部进行拍摄的，取出的照片时间间隔为0.034s。

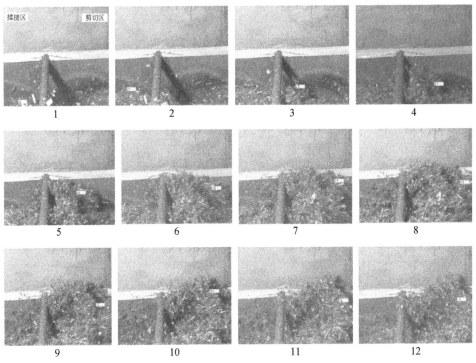

图4-13　物料进入另一轴区情况（顺着轴向对着混合室的中部进行拍摄）

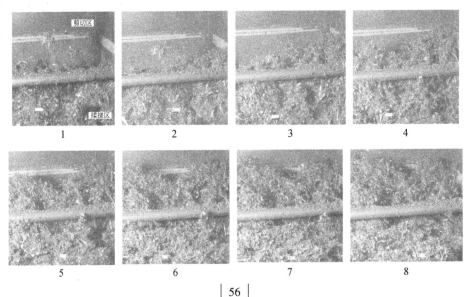

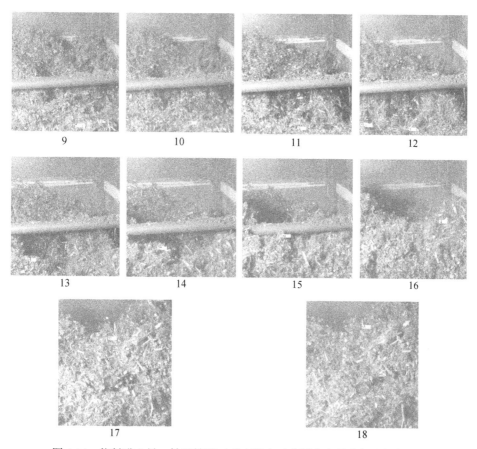

图 4-14　物料进入另一轴区情况（垂直轴向对着混合室的中部进行拍摄）

在图 4-13 中，钢管处为混合室正中部，从图 4-13 中标号为 1、2 的图可以看出一股物料越过混合室中部进入了揉搓区（白色标记的位置变化即为其运动轨迹），从图 4-13 中标号为 3 ~ 12 的图中可以看出又一股物料越过混合室中部进入了剪切区（图中相应的白色标记的位置变化即为物料前部的运动轨迹），揉搓转子上安装的叶板较大，因此其抛送的物料较多，物料进入剪切区的运动轨迹线较明显。

在图 4-14 中，标号为 1 ~ 12 的图显示出由剪切转子上的叶板推送的一股物料在钢管（在混合室正中部）下方越过混合室中部进入了揉搓区（面向图面运动，图中的白色标记的位置变化总体反映了此股物料前部的运动进程，图 4-14 中标号为 1 ~ 2 的图显示出此股物料上部的运动进程，其余标号显示出此股物料下部的运动进程）；同时，标号为 8 ~ 12 的图也显示出在股物料之后由剪切转子上的叶板推送的又一股物料（在相应白色标记的右上方）进入了揉搓区（这是由于剪切转子的转速较高），图 4-14 中标号为 12 的图中的双白色标记分别表示由剪切转子上的叶板推送的第一股物料在揉搓区的下落情况（见图 4-14 中标号为 12 的图中下部的白色标记），以及由揉搓区有相反的一股物料向混合室中部开始运动情况（见图 4-14 中标号为 12 的图中左下角的白色标记）；而图 4-14 中标号为 11～16 的图显示出随后在揉搓区由揉搓转子推送的相反的一股物料向混合室中部运动（相应白色标号位置的变化即为其前部运动轨迹）时，恰好与剪切区由剪切转子向揉搓区推送的物料在混合室中部相遇，从而在混合室中部发生了强烈的物料正碰撞（见图 4-14 标号为 17～18 的图）。

第三节　混合加工试验结果与讨论

一、混合加工对饲料混合均匀度影响规律的研究

（一）试验方案

1. 试验因素的选择

根据已有资料及本试验设计，确定转子主轴转速（以揉搓转子主轴转速为准，r/min）、转子间隙（mm）、齿杆角度（°）、混合时间（min）、加料数量（kg）为试验因素，以变异系数（%）为混合均匀度评价指标。因素水平编码见表 4-1 所示。

表 4-1　因素水平编码

水平	主轴转速（X_1） $n/$(r/min)	转子间隙（X_2） $\Delta/$mm	齿杆角度（X_3） $\beta/$(°)	混合时间（X_4） $T/$min	加料数量（X_5） $G/$kg
−2	42	11	0	6	20
−1	55	12	5	9	35
0	68	13	10	12	50
1	81	14	15	15	65
2	94	15	20	18	80

n、Δ、β、T、G 分别表示主轴转速、转子间隙、齿杆角度、混合时间、加料数量的实际值。

2. 试验设计方案

根据以上试验因素，采用二次旋转正交组合试验设计方法，试验方案及结果见表 4-2。

表 4-2 双轴卧式全混合日粮混合机试验方案及结果

序号	主轴转速 X_1/(r/min)	转子间隙 X_2/mm	齿杆角度 X_3/(°)	混合时间 X_4/min	加料数量 X_5/kg	变异系数 Y_1/%	细粉率 Y_2/%	单位时间功耗 Y_3/(kW/h)
1	1	1	1	1	1	7.6	46.4	4.80
2	1	1	1	−1	−1	8.1	43.5	3.00
3	1	1	−1	1	−1	5.9	44.1	3.18
4	1	1	−1	−1	1	8.4	41.9	4.86
5	1	−1	1	1	−1	7.7	46.8	3.30
6	1	−1	1	−1	1	14.1	44.9	4.86
7	1	−1	−1	1	1	13.8	47.5	4.98
8	1	−1	−1	−1	−1	8.7	42.3	2.94
9	−1	1	1	1	−1	7.6	43.3	1.86
10	−1	1	1	−1	1	4.7	40.5	3.60
11	−1	1	−1	1	1	9.9	43.1	3.90
12	−1	1	−1	−1	−1	8.1	36.9	2.10
13	−1	−1	1	1	1	9.4	44.1	3.96
14	−1	−1	1	−1	−1	2.5	40.9	1.88
15	−1	−1	−1	1	−1	6.6	41.4	1.90
16	−1	−1	−1	−1	1	1.3	37.6	3.96
17	2	0	0	0	0	7.5	46.2	4.80
18	−2	0	0	0	0	4.6	41.0	2.46
19	0	2	0	0	0	12.3	43.8	3.42
20	0	−2	0	0	0	6.5	45.0	3.60
21	0	0	2	0	0	7.3	41.2	3.30
22	0	0	−2	0	0	4.8	43.9	3.78
23	0	0	0	2	0	5.4	45.8	3.42
24	0	0	0	−2	0	5.1	39.9	3.54
25	0	0	0	0	2	6.5	43.4	5.76
26	0	0	0	0	−2	3.4	39.7	1.86
27	0	0	0	0	0	4.2	41.0	3.54
28	0	0	0	0	0	4.3	38.6	3.36
29	0	0	0	0	0	6.3	38.8	3.00
30	0	0	0	0	0	4.5	38.5	3.54
31	0	0	0	0	0	9.1	40.6	3.54

续表

序号	主轴转速 X_1/(r/min)	转子间隙 X_2/mm	齿杆角度 X_3/(°)	混合时间 X_4/min	加料数量 X_5/kg	变异系数 Y_1/%	细粉率 Y_2 /%	单位时间功耗 Y_3/(kW/h)
32	0	0	0	0	0	6.0	43.3	3.48
33	0	0	0	0	0	5.6	42.1	3.66
34	0	0	0	0	0	8.3	39.6	3.66
35	0	0	0	0	0	4.3	42.6	3.60
36	0	0	0	0	0	8.2	41.9	3.66

X_1、X_2、X_3、X_4、X_5分别表示主轴转速、转子间隙、齿杆角度、混合时间、加料数量的编码值。

（二）试验结果与分析

1. 回归方程与方差分析

试验结果见表4-2。通过 Reda 软件（东北农业大学数学教研室研制）进行分析处理，得到混合均匀度与试验参数回归方程：

$$\hat{Y}_1 = 5.93 + 1.25X_1 + 0.32X_2 + 0.17X_3 + 0.55X_4 + 0.84X_5 + 0.22X_1^2$$
$$- 1.55X_1X_2 + 0.15X_1X_3 - 1.32X_1X_4 + 0.81X_1X_5 + 1.06X_2^2 - 0.47X_2X_3 - 0.57X_2X_4$$
$$- 0.76X_2X_5 + 0.22X_3^2 - 0.43X_3X_4 + 0.36X_3X_5 + 0.74X_4X_5$$

$$(4-11)$$

将上述方程经值类转换后，得变量实际值方程如下：

$$Cv = -17.77 + 1.77n - 12.62\Delta + 1.02\beta + 4.59T + 0.19G - 0.13n\Delta - 0.04nT$$
$$+ 1.06\Delta^2 - 0.09\Delta\beta - 0.19\Delta T - 0.05\Delta G - 0.03\beta T + 0.02TG \qquad (4-12)$$

回归方程的方差分析见表4-3。$F_1 < F_{0.01}$（6，9）= 5.80，说明回归方程拟合得较好，又因 $F_2 > F_{0.05}$（20，15）= 2.33，说明方程是显著的，即试验数据与所采用的二次数学模型相符。

表4-3 方差分析表

来源	自由度	平方和	均方	F 值	临界值
回归	20	213.384	10.669	$F_1 = 1.54$	$F_{0.01}$（6，9）= 5.80
剩余	15	63.314	4.221		
拟合	6	32.118	5.353	$F_2 = 2.53$	$F_{0.05}$（20，15）= 2.33
误差	9	31.196	3.466		
总和	35	276.699			

通过 Reda 软件处理，主轴转速、转子间隙、齿杆角度、混合时间、加料数量的影响因子贡献率分别为 2.06、1.70、0.06、1.20、1.58。

2. 试验参数单因素影响规律分析

1）主轴转速对变异系数的影响

将转子间隙、齿杆角度、混合时间、加料数量固定于零水平（即 13mm、10°、12min、50kg），研究变异系数与主轴转速的关系，得到如图 4-15 所示曲线。

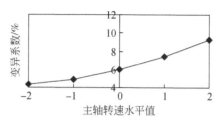

图 4-15　主轴转速对变异系数的影响

由图 4-15 可知，在上述条件下，当主轴转速在取 -2～-1 水平时变异系数变化较平缓，而后随着转速的增加，变异系数几乎呈直线正比例地上升，且曲线变化幅度较大。以上分析说明主轴转速对变异系数的影响显著。

2）转子间隙对变异系数的影响

将主轴转速、齿杆角度、混合时间、加料数量固定于零水平（即 68r/min、10°、12min、50kg），研究变异系数与转子间隙的关系，得到如图 4-16 所示曲线。

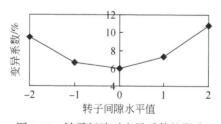

图 4-16　转子间隙对变异系数的影响

由图 4-16 可知，在上述条件下，随着转子间隙的增加，变异系数呈下凸的曲线变化，且曲线变化幅度较大，并在转子间隙达到零水平后，变异系数上升迅速。试验选取的间隙变化幅度较小，当其在较低水平范围内增加时，转子叶板对物料的带动作用较强，从而有利于物料通过齿杆的均布过程；但当转子间隙过大时，转子叶板对物料的带动作用快速下降，底部物料均布能力下降，变异系数迅速上升。以上分析说明转子间隙对变异系数的影响显著。

3）齿杆角度对变异系数的影响

将主轴转速、转子间隙、混合时间、加料数量固定于零水平（即 68r/min、13mm、12min、50kg），研究变异系数与齿杆角度的关系，得到如图 4-17 所示曲线。

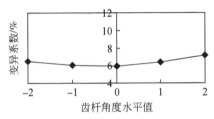

图 4-17　齿杆角度对变异系数的影响

由图 4-17 可知，在上述条件下，随着齿杆角度的增加，变异系数呈总体上升的曲线变化，但其变化幅度很小，曲线变化很平缓。以上分析说明齿杆角度对变异系数影响不显著。

4）混合时间对变异系数的影响

将主轴转速、转子间隙、齿杆角度、加料数量固定于零水平（即 68r/min、13mm、10°、50kg），研究变异系数与混合时间的关系，得到如图 4-18 所示曲线。

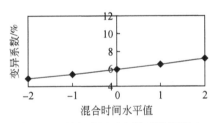

图 4-18　混合时间对变异系数的影响

由图 4-18 可知，在上述条件下，随着混合时间的增加，变异系数几乎呈直线正比例地上升，但曲线变化幅度较小，即异系数曲线变化较平缓。混合时间增加，使混合过程的分离作用增强。以上分析说明混合时间对变异系数的影响相对较小。

5）加料数量对变异系数的影响

将主轴转速、转子间隙、齿杆角度、混合时间固定于零水平（即 68r/min、13mm、10°、12min），研究变异系数与加料数量的关系，得到如图 4-19 所示曲线。

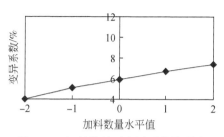

图4-19 加料数量对变异系数的影响

由图4-19可知，在上述条件下，随着加料数量的增加，变异系数呈上升的曲线变化，并且曲线变化较平缓。以上分析说明加料数量对变异系数影响较显著。

3. 试验参数两因素影响规律分析

本节重点对主轴转速和转子间隙、主轴转速和齿杆角度、主轴转速和混合时间、主轴转速和加料数量以及混合时间和加料数量对变异系数的影响规律进行分析。

1）主轴转速和转子间隙对变异系数的影响

将齿杆角度、混合时间、加料数量固定于零水平（即10°、12min、50kg），研究主轴转速和转子间隙对变异系数的影响规律，得到如图4-20所示曲线。

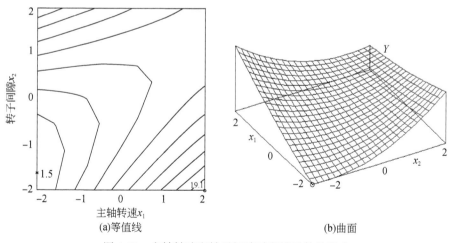

(a)等值线   (b)曲面

图4-20 主轴转速和转子间隙对变异系数的影响

由图4-20可知，在上述条件下，主轴转速和转子间隙对变异系数的影响呈凹曲面变化。当主轴转速和转子间隙取较低水平值时，变异系数取得较低值；当主轴转速取较高水平值和转子间隙取较低水平值时，变异系数取得较高值。当主轴转速和转子间隙取值水平基本一致时，变异系数变化较平缓，这是因为转子间隙增加时，只有增加主轴转速才能增强叶板对物料的带动作用，此时变异系数变化较小。以上分析说明主轴转速和转子间隙对变异系数的影响显著。

2）主轴转速和齿杆角度对变异系数的影响

将转子间隙、混合时间、加料数量固定于零水平（即 13mm、12min、50kg），研究主轴转速和齿杆角度对变异系数的影响规律，得到如图 4-21 所示曲线。

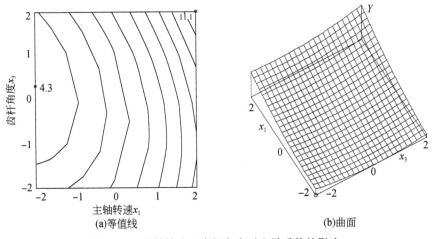

(a)等值线   (b)曲面

图 4-21　主轴转速和齿杆角度对变异系数的影响

由图 4-21 可知，在上述条件下，主轴转速和齿杆角度对变异系数的影响呈斜曲面变化。当主轴转速取较低水平值时，齿杆角度对变异系数的影响很小；而无论齿杆角度取何值，主轴转速对变异系数的影响都较显著。当主轴转速取较低水平值时，变异系数取得较低值；当主轴转速取较高水平值时，变异系数取得较高值。

3）主轴转速和混合时间对变异系数的影响

将转子间隙、齿杆角度、加料数量固定于零水平（即 13mm、10°、50kg），研究主轴转速和混合时间对变异系数的影响规律，得到如图 4-22 所示曲线。

由图 4-22 可知，在上述条件下，主轴转速和混合时间对变异系数的影响呈凹曲面变化。当主轴转速和混合时间取较低水平值时，变异系数取得较低值；当主轴转速取较高水平值和混合时间取较低水平值时，变异系数取值较高。当主轴转速和混合时间取值水平基本一致时，变异系数变化较平缓。以上分析说明主轴转速和混合时间对变异系数的影响都较显著。

4）主轴转速和加料数量对变异系数的影响

将转子间隙、齿杆角度、混合时间固定于零水平（即 13mm、10°、12min），

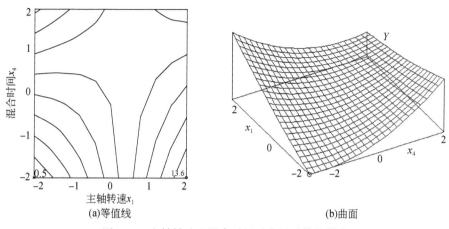

图 4-22　主轴转速和混合时间对变异系数的影响

研究主轴转速和加料数量对变异系数的影响规律，得到如图 4-23 所示曲线。

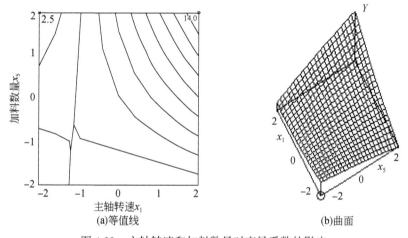

图 4-23　主轴转速和加料数量对变异系数的影响

由图 4-23 可知，在上述条件下，主轴转速和加料数量对变异系数的影响大体呈凹曲面变化。当主轴转速取较低水平值和加料数量取较高水平值时，变异系数取得较低值；当主轴转速和加料数量取较高水平值时，变异系数取得较高值。当主轴转速和加料数量取值水平反对应时，变异系数变化较平缓。以上分析说明主轴转速和加料数量对变异系数的影响都较显著。

5）混合时间和加料数量对变异系数的影响

将主轴转速、转子间隙、齿杆角度固定于零水平（即 68r/min、13mm、10°），研究混合时间和加料数量对变异系数的影响规律，得到如图 4-24 所示曲线。

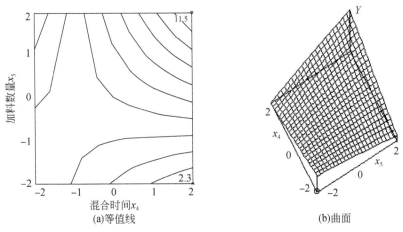

(a)等值线　　　　　　　　　　　　(b)曲面

图 4-24　混合时间和加料数量对变异系数的影响

由图 4-24 可知，在上述条件下，当混合时间取较高水平值时，加料数量对变异系数的影响显著；当加料数量取较高水平值时，混合时间对变异系数的影响显著。当混合时间取较高水平值和加料数量取较低水平值时，变异系数取得较低值；当混合时间和加料数量均取较高水平值时，变异系数取得较高值。当混合时间和加料数量取值水平反对应时，变异系数变化较平缓。以上分析说明混合时间和加料数量对变异系数的影响都较显著。

（三）小结

综上所述，将混合加工参数对混合均匀度影响规律总结如下：

（1）选择影响变异系数指标的五个因素进行了二次旋转正交组合试验设计，通过 Reda 软件对试验结果进行了处理分析，得到关于混合均匀度的二次回归方程，经检验方程显著。

（2）主轴转速、转子间隙、齿杆角度、混合时间、加料数量对混合均匀度的影响均不同，因子贡献率分别为 2.06、1.70、0.06、1.20、1.58。由此可见主轴转速、转子间隙、加料数量和混合时间是影响变异系数的主要因素，而齿杆角度的影响很弱。后面的单因素分析和双因素效应分析也证明了上述结论。

（3）对回归方程进行单因素分析，分别固定五个因素中的四个因素为定值，得到另一因素与指标的关系。不同因素影响规律各不相同，且影响强度差别也较大。

（4）从单因素和两因素的影响分析可知，主轴转速取较低水平值（42 ~

68r/min），转子间隙取较低水平值（11～13mm），齿杆角度取较高水平值（5°～20°），混合时间取较低水平值（6～12min）和加料数量取较高水平值（35～80kg）可获得较低的变异系数，从而提高混合均匀度；否则，变异系数升高，混合均匀度下降。

二、混合加工对日粮细粉率影响规律的研究

（一）试验方案

试验方案同混合加工对饲料混合均匀度影响规律的研究，但考核指标变为日粮细粉率 φ（%）。

（二）试验结果与分析

试验结果见表 4-2。

1. 回归方程与方差分析

通过 Reda 软件进行分析处理，得到日粮细粉率与试验参数回归方程：

$$\hat{Y}_2 = 40.78 + 1.67X_1 - 0.34X_2 + 0.43X_3 + 1.67X_4 + 0.59X_5 + 0.60X_1^2 - 0.34X_1X_2 - 0.25X_1X_3$$
$$- 0.24X_1X_4 + 0.80X_2^2 + 0.34X_3^2 - 0.41X_3X_4 - 0.25X_3X_5 + 0.41X_4^2 + 0.26X_4X_5$$

$$(4-13)$$

将上述方程经值类转换后，得变量实际值方程如下：

$$\hat{\varphi} = 160.50 + 0.04n - 19.55\Delta + 0.63\beta - 0.12T - 0.14G - 0.03n\Delta + 0.80\Delta^2$$
$$+ 0.01\beta^2 - 0.03\beta T + 0.05T^2$$

$$(4-14)$$

回归方程的方差分析见表 4-4。$F_1 < F_{0.01}(6, 9) = 5.80$，说明回归方程拟合得较好，又因 $F_2 > F_{0.05}(20, 15) = 2.33$，说明方程是显著的，即试验数据与所采用的二次数学模型相符。

表 4-4 日粮细粉率方差分析

来源	自由度	平方和	均方	F 值	临界值
回归	20	199.271	9.964	$F_1 = 1.09$	$F_{0.01}(6, 9) = 5.80$
剩余	15	48.291	3.219		
拟合	6	20.351	3.392	$F_2 = 3.10$	$F_{0.05}(20, 15) = 2.33$
误差	9	27.940	3.104		
总和	35	247.561			

通过 Reda 软件处理，主轴转速、转子间隙、齿杆角度、混合时间、加料数量的影响因子贡献率分别为 1.67、0.84、0.38、1.37、0.62。

2. 试验参数单因素影响规律分析

1）主轴转速对细粉率的影响

将转子间隙、齿杆角度、混合时间、加料数量固定于零水平（即 13mm、10°、12min、50kg），研究细粉率与主轴转速的关系，得到如图 4-25 所示曲线。

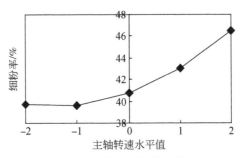

图 4-25　主轴转速对细粉率的影响

由图 4-25 可知，在上述条件下，当转速在较低水平时，细粉率变化较平缓，而后随着转速的增加，细粉率几乎呈直线正比例地上升，曲线变化幅度很大。其原因是主轴转速增加，剪切及揉搓作用增强，细粉率随之上升。以上分析说明主轴转速对细粉率的影响显著。

2）转子间隙对细粉率的影响

将主轴转速、齿杆角度、混合时间、加料数量固定于零水平（即 68r/min、10°、12min、50kg），研究细粉率与转子间隙的关系，得到如图 4-26 所示曲线。

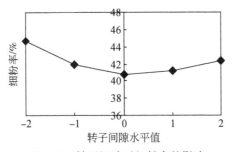

图 4-26　转子间隙对细粉率的影响

由图 4-26 可知，在上述条件下，随着转子间隙的增加，细粉率总体呈下降的曲线变化，曲线变化幅度较大。从剪切及揉搓试验可看出，转子间隙较小时，剪切及揉搓作用强烈，细粉率因而较高。以上分析说明转子间隙对细粉率影响较显著。

3）齿杆角度对细粉率的影响

将主轴转速、转子间隙、混合时间、加料数量固定于零水平（即 68r/min、13mm、12min、50kg），研究细粉率与齿杆角度的关系，得到如图 4-27 所示曲线。

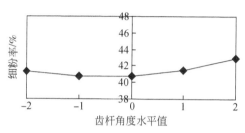

图 4-27　齿杆角度对细粉率的影响

由图 4-27 可知，在上述条件下，随着齿杆角度的增加，细粉率呈缓慢上升的曲线变化，且曲线变化幅度较小。齿杆角度对揉搓作用的影响较弱，只有齿杆角度较大时，它与揉搓部件间的滑切作用的增大才使细粉率上升。以上分析说明齿杆角度对细粉率的影响较小。

4）混合时间对细粉率的影响

将主轴转速、转子间隙、齿杆角度、加料数量固定于零水平（即 68r/min、13mm、10°、50kg），研究细粉率与混合时间的关系，得到如图 4-28 所示曲线。

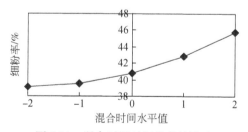

图 4-28　混合时间对细粉率的影响

由图 4-28 可知，在上述条件下，随着混合时间的增加，细粉率呈上升的曲线变化，且曲线变化幅度很大。混合时间增加，剪切及揉搓效果更显著，从而使细粉率上升。以上分析说明混合时间对细粉率的影响显著。

5）加料数量对细粉率的影响

将主轴转速、转子间隙、齿杆角度、混合时间固定于零水平（即 68r/min、13mm、10°、12min），研究细粉率与加料数量的关系，得到如图 4-29 所示曲线。

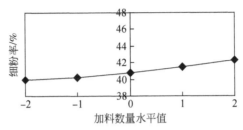

图 4-29　加料数量对细粉率的影响

由图 4-29 可知，在上述条件下，随着加料数量的增加，细粉率呈上升的曲线变化，且曲线变化幅度较小，曲线很平缓。加料数量增加时，剪切及揉搓作用的效率有所提高，从而使细粉率缓慢上升。以上分析说明加料数量对细粉率影响较小。

3. 试验参数两因素影响规律分析

本书重点对主轴转速和转子间隙、主轴转速和齿杆角度、主轴转速和混合时间、主轴转速和加料数量以及转子间隙和齿杆角度对细粉率的影响规律进行分析。

1）主轴转速和转子间隙对细粉率的影响

将齿杆角度、混合时间、加料数量固定于零水平（即 10°、12min、50kg），研究主轴转速和转子间隙对细粉率的影响规律，得到如图 4-30 所示曲线。

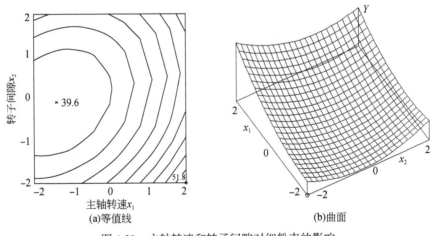

(a)等值线　　　　　　　　　　　(b)曲面

图 4-30　主轴转速和转子间隙对细粉率的影响

由图 4-30 可知，在上述条件下，主轴转速和转子间隙对细粉率的影响呈凹曲面变化，当转子间隙取较零水平附近值时，细粉率取值较低。当主轴转速取较低水平值和转子间隙取较高水平值时，细粉率取得较低值；当主轴转速取较高水平值和转子间隙取较低水平值时，细粉率取得较高值。当主轴转速取较低水平时，转子间隙对细粉率的影响较小。以上分析符合单因素分析的结果。

2）主轴转速和齿杆角度对细粉率的影响

将转子间隙、混合时间、加料数量固定于零水平（即 13mm、12min、50kg），研究主轴转速和齿杆角度对细粉率的影响规律，得到如图 4-31 所示曲线。

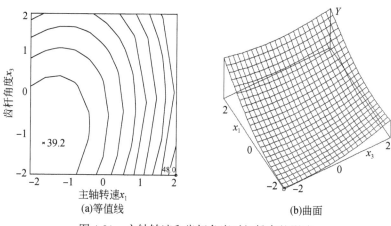

图 4-31 主轴转速和齿杆角度对细粉率的影响

由图 4-31 可知，在上述条件下，当主轴转速取较低水平时，齿杆角度对细粉率的影响较小，细粉率取得较低值；当主轴转速取较高水平时，齿杆角度对细粉率的影响也较小，细粉率取得较高值。以上分析符合单因素分析的结果。

3）主轴转速和混合时间对细粉率的影响

将转子间隙、齿杆角度、加料数量固定于零水平（即 13mm、10°、50kg），研究主轴转速和混合时间对细粉率的影响规律，得到如图 4-32 所示曲线。

由图 4-32 可知，在上述条件下，当主轴转速和混合时间均取较低水平值时，细粉率取得较低值；当主轴转速和混合时间均取较高水平值时，细粉率取得较高值；细粉率的变化幅度较大。这是由于主轴转速和混合时间对细粉率都有显著影响。以上分析说明主轴转速和混合时间对细粉率的影响显著。

4）主轴转速和加料数量对细粉率的影响

将转子间隙、齿杆角度、混合时间固定于零水平（即 13mm、10°、12min），研究主轴转速和加料数量对细粉率的影响规律，得到如图 4-33 所示曲线。

由图 4-33 可知，在上述条件下，当主轴转速和加料数量均取较低水平值时，细粉率取得较低值；当主轴转速和加料数量均取较高水平值时，细粉率取得较高值；在主轴转速取较低水平值时，加料数量对细粉率的影响很小。这是由于主轴

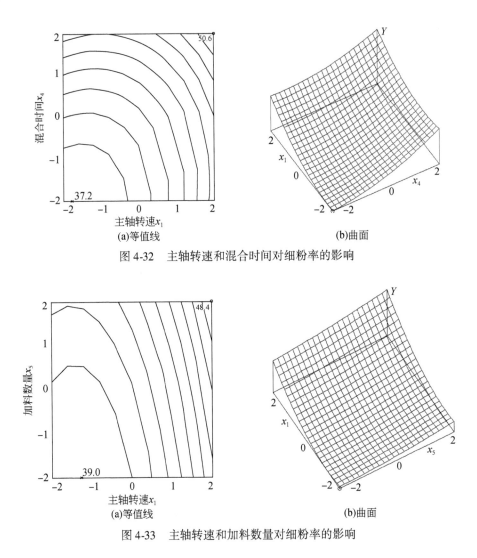

图 4-32　主轴转速和混合时间对细粉率的影响

图 4-33　主轴转速和加料数量对细粉率的影响

转速对剪切及揉搓作用的影响显著，而加料数量对剪切及揉搓作用的影响较弱。以上分析说明主轴转速对细粉率的影响比加料数量的影响显著。

5）转子间隙和齿杆角度对细粉率的影响

将主轴转速、混合时间、加料数量固定于零水平（即 68r/min、12min、50kg），研究转子间隙和齿杆角度对细粉率的影响规律，得到如图 4-34 所示曲线。

由图 4-34 可知，在上述条件下，转子间隙和齿杆角度对细粉率的影响呈凹曲面变化，且变化幅度较小。在转子间隙取 1 水平附近值时，细粉率取得较低值；当转子间隙取较低水平值时，细粉率取值较高；无论转子间隙取何值，齿杆角度对细粉率的影响都较小。以上分析说明转子间隙对细粉率的影响比齿杆角度

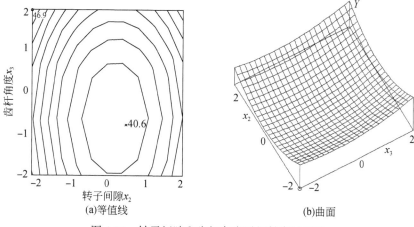

(a)等值线　　　　　　　　　(b)曲面

图 4-34　转子间隙和齿杆角度对细粉率的影响

对细粉率的影响稍大。

（三）小结

综上所述，将混合加工参数对日粮细粉率影响规律总结如下：

（1）选择影响日粮细粉率指标的五个因素进行了二次旋转正交组合试验设计，通过 Reda 软件对试验结果进行了处理分析，得到关于日粮细粉率的二次回归方程，经检验方程显著。

（2）主轴转速、转子间隙、齿杆角度、混合时间、加料数量对日粮细粉率的影响均不同，因子贡献率分别为 1.67、0.84、0.38、1.37、0.62。由此可见主轴转速、转子间隙和混合时间是影响日粮细粉率的主要因素，而加料数量和齿杆角度的影响稍弱。从后面的单因素分析和双因素效应分析中也证明了上述结论。

（3）对回归方程进行单因素分析，分别固定五个因素中的四个因素为定值，得到另一因素与指标的关系。不同因素影响规律不相同，且影响强度也不同。

（4）从单因素和两因素的影响分析可知，主轴转速取较低水平值（42～68r/min），转子间隙取较高水平值（13～15mm），齿杆角度取较低水平值（0°～10°），混合时间取较低水平值（6～12min）和加料数量取较低水平值（20～50kg）可获得较低的日粮细粉率；否则，日粮细粉率升高。

三、混合加工对单位时间功率消耗影响规律的研究

（一）试验方案

试验方案混合加工对饲料混合均匀度影响规律的研究，但考核指标变为单位时间功率消耗 θ（kW·h/h）。

（二）试验结果与分析

试验结果见表4-2。

本章中的功率消耗指标（简称为功耗）皆指单位时间功率消耗。

1. 回归方程与方差分析

通过 Reda 软件进行分析处理，得如下功耗与试验参数回归方程：

$$\hat{y}_3 = 3.52 + 0.56x_1 - 0.04x_2 - 0.06x_3 + 0.02x_4 + 0.94x_5 + 0.03x_1x_3 + 0.03x_1x_4$$
$$- 0.04x_1x_5 - 0.03x_2^2 - 0.06x_2x_3 - 0.02x_2x_4 - 0.05x_2x_5 - 0.02x_3^2 + 0.03x_3x_4$$
$$- 0.02x_3x_5 - 0.04x_4^2 + 0.05x_5^2 \tag{4-15}$$

将上述方程经值类转换后，得变量实际值方程如下：

$$\hat{\theta} = -11.04 + 0.04n + 1.04\Delta + 0.12\beta + 0.10T + 0.10G - 0.03\Delta^2 - 0.01\Delta\beta \tag{4-16}$$

回归方程的方差分析见表4-5。$F_1 < F_{0.01}$（6，9）= 5.80，说明回归方程拟合得较好，又因 $F_2 > F_{0.05}$（20，15）= 2.33，说明方程是显著的，即试验数据与所采用的二次数学模型相符。

表4-5　单位时间功率消耗方差分析

来源	自由度	平方和	均方	F 值	临界值
回归	20	29.2	1.46	$F_1 = 0.925$	$F_{0.01}$（6，9）= 5.80
剩余	15	0.586	0.039		
拟合	6	0.224	0.037	$F_2 = 37.44$	$F_{0.05}$（20，15）= 2.33
误差	9	0.361	0.04		
总和	35	29.786			

通过 Reda 软件处理，主轴转速、转子间隙、齿杆角度、混合时间、加料数量的影响因子贡献率分别为 1.46、0.19、0.78、0.00、1.46。

2. 试验参数单因素影响规律分析

1）主轴转速对功率消耗的影响

将转子间隙、齿杆角度、混合时间、加料数量固定于零水平（即 13mm、10°、12min、50kg），研究功耗与主轴转速的关系，得到如图 4-35 所示曲线。

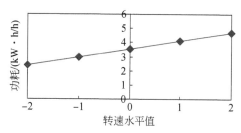

图 4-35　转速对功率消耗的影响

由图 4-35 可知，在上述条件下，随着转速的增加，功耗几乎呈直线正比例地上升，并且曲线的变化幅度较大。其原因是主轴转速增加，则剪切、揉搓及抛扬作用强烈，功耗随之就会正比例地增加。以上分析说明主轴转速对功耗的影响显著。

2）转子间隙对功率消耗的影响

将主轴转速、齿杆角度、混合时间、加料数量固定于零水平（即 68r/min、10°、12min、50kg），研究功耗与转子间隙的关系，得到如图 4-36 所示曲线。

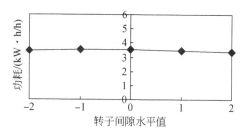

图 4-36　转子间隙对功率消耗的影响

由图 4-36 可知，在上述条件下，随着转子间隙的增加，功耗曲线几乎呈水平线变化，曲线的变化幅度很小。其原因是选用的间隙变化幅度较小，间隙的变化对剪切、揉搓及混合加工产生的影响很小。以上分析说明转子间隙对功耗的影响不显著。

3）齿杆角度对功率消耗的影响

将主轴转速、转子间隙、混合时间、加料数量固定于零水平（即 68r/min、13mm、12min、50kg），研究功耗与齿杆角度的关系，得到如图 4-37 所示曲线。

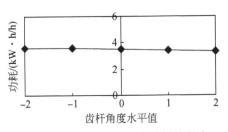

图 4-37　齿杆角度对功率消耗的影响

由图 4-37 可知，在上述条件下，随着齿杆角度的增加，功耗曲线几乎呈水平线变化，曲线的变化幅度很小。其原因是齿杆角度的变化幅度较小，齿杆角度增加对揉搓（齿杆揉搓部分长度缩短）及混合（利于物料均布）加工产生的影响很小。以上分析说明齿杆角度对功耗的影响不显著。

4）混合时间对功率消耗的影响

将主轴转速、转子间隙、齿杆角度、加料数量固定于零水平（即 68r/min、13mm、10°、50kg），研究功耗与混合时间的关系，得到如图 4-38 所示曲线。

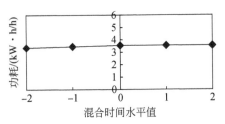

图 4-38　混合时间对功率消耗的影响

由图 4-38 可知，在上述条件下，随着混合时间的增加，功耗曲线几乎呈水平线保持不变。其原因是研究的是单位时间功率消耗，与混合时间的变化无关。以上分析说明混合时间对功耗的影响不显著，符合实际情况。

5）加料数量对功率消耗的影响

将主轴转速、转子间隙、齿杆角度、混合时间固定于零水平（即 68r/min、13mm、10°、12min），研究功耗与加料数量的关系，得到如图 4-39 所示曲线。

由图 4-39 可知，在上述条件下，随着加料数量的增加，功耗曲线呈直线上升趋势，且曲线的变化幅度较大，曲线变化很显著。其原因是加料数量增加，转子同时加工、推送及抛扬的物料增加。以上分析说明加料数量对功耗影响显著。

3. 试验参数两因素影响规律分析

本节重点对主轴转速和转子间隙、主轴转速和齿杆角度、主轴转速和混合时间、主轴转速和加料数量以及转子间隙和加料数量对功率消耗的影响规律进行

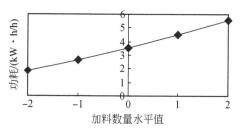

图 4-39 加料数量对功率消耗的影响

分析。

1）主轴转速和转子间隙对功率消耗的影响

将齿杆角度、混合时间、加料数量固定于零水平（即 10°、12min、50kg），研究主轴转速和转子间隙对功耗的影响规律，得到如图 4-40 所示曲线。

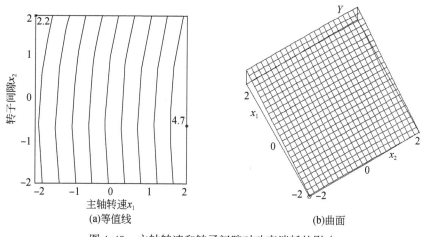

(a)等值线 (b)曲面

图 4-40 主轴转速和转子间隙对功率消耗的影响

由图 4-40 可知，在上述条件下，主轴转速和转子间隙对功耗的影响呈幅度较小的斜曲面变化。当主轴转速取较低水平值时，功耗取得较低值；当主轴转速取较高水平值时，功耗取得较高值；而无论主轴转速取何值转子间隙对功耗的影响都很小。以上分析说明主轴转速对功耗的影响比转子间隙对功耗的影响显著，这也符合单因素的分析结果。

2）主轴转速和齿杆角度对功率消耗的影响

将转子间隙、混合时间、加料数量固定于零水平（即 13mm、12min、50kg），研究主轴转速和齿杆角度对功耗的影响规律，得到如图 4-41 所示曲线。

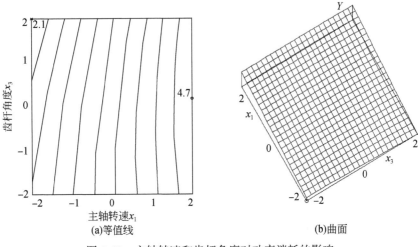

图 4-41 主轴转速和齿杆角度对功率消耗的影响

由图 4-41 可知，在上述条件下，在主轴转速取较低水平值时，齿杆角度对功耗的影响很小，功耗取得较低值；当主轴转速取较高水平值时，齿杆角度对功耗的影响也很小，但功耗取值较高。以上分析说明，主轴转速对功耗的影响比齿杆角度要显著得多，且齿杆角度对功耗的影响不显著，这也符合单因素的分析结果。

3）主轴转速和混合时间对功率消耗的影响

将转子间隙、齿杆角度、加料数量固定于零水平（即 13mm、10°、50kg），研究主轴转速和混合时间对功耗的影响规律，得到如图 4-42 所示曲线。

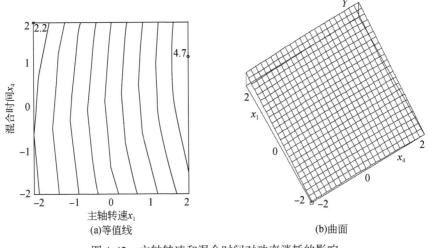

图 4-42 主轴转速和混合时间对功率消耗的影响

由图 4-42 可知，在上述条件下，当主轴转速取较低水平值时，功耗取得较低值；当主轴转速取较高水平值时，功耗取值较高。以上分析说明混合时间对功耗的影响不显著，这也符合单因素的分析结果。

4）主轴转速和加料数量对功率消耗的影响

将转子间隙、齿杆角度、混合时间固定于零水平（即 13mm、10°、12min），研究主轴转速和加料数量对功耗的影响规律，得到如图 4-43 所示曲线。

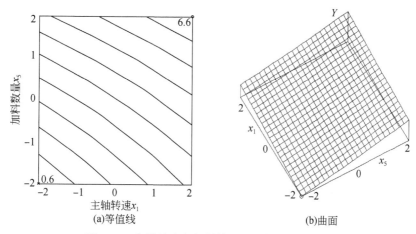

图 4-43　主轴转速和加料数量对功率消耗的影响

由图 4-43 可知，在上述条件下，主轴转速和加料数量对功耗的影响为变化幅度较大的斜曲面。当主轴转速和加料数量均取较低水平值时，功耗取得较低值；当主轴转速和加料数量均取较高水平值时，功耗取值较高。以上分析说明主轴转速和加料数量对功耗的影响显著，这也符合单因素的分析结果。

5）转子间隙和加料数量对功率消耗的影响

将主轴转速、齿杆角度、混合时间固定于零水平（即 68r/min、10°、12min），研究转子间隙和加料数量对功耗的影响规律，得到如图 4-44 所示曲线。

由图 4-44 可知，在上述条件下，转子间隙和加料数量对功耗的影响为单向上升的斜曲面，且曲面变化幅度较大。当加料数量取较高水平值时，功耗取得较高值；当加料数量取较低水平值时，功耗取值较低；无论加料数量取何值转子间隙对功耗的影响都不显著，这与单因素的分析结果一致。

（三）小结

综上所述，将混合加工参数对功率消耗影响规律总结如下：

（1）选择影响功率消耗指标的五个因素进行了二次旋转正交组合试验设计，

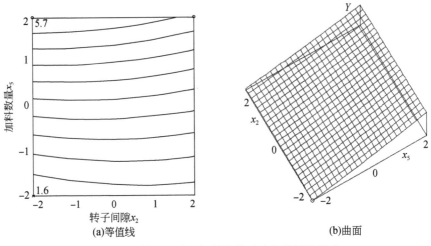

图 4-44　转子间隙和加料数量对功率消耗的影响

通过 Reda 软件对试验结果进行了处理分析，得到关于功率消耗的二次回归方程，经检验方程显著。

（2）主轴转速、转子间隙、齿杆角度、混合时间、加料数量对功率消耗的影响均不同，因子贡献率分别为 1.46、0.19、0.78、0.00、1.46。由此可见主轴转速和加料数量是影响功率消耗的主要因素，而转子间隙、齿杆角度和混合时间的影响很弱。后面的单因素分析和双因素效应分析也证明了上述结论。

（3）对回归方程进行单因素分析，分别固定五个因素中的四个因素为定值，得到另一因素与指标的关系。不同因素影响规律不相同，且影响强度差别也较大。

（4）从单因素和两因素的影响分析可知，主轴转速取较低水平值（42～68r/min），转子间隙取较高水平值（12～15mm），齿杆角度取较高水平值（10°～20°），混合时间取较高水平值（10～18min）和加料数量取较低水平值（20～50kg）可获得较低的功率消耗；否则，功率消耗较高。

四、双轴卧式全混合日粮混合机试验总结及样机试验

（一）试验总结

按照反刍动物对饲料的营养需要，在考虑满足饲料混合均匀度要求的条件下，应尽量减少日粮细粉率及单位时间功耗。在现有的试验条件下，综合考虑影响混合加工的各因素，本试验各因素取值分析如下。

1. 主轴转速

在本试验中，在主轴转速因素的参数选择上，饲料混合均匀度（变异系数）是重点保证的质量指标，其次是日粮细粉率和单位时间功耗指标。在本试验中可以看出，当主轴转速取值较低时，日粮细粉率和单位时间功耗下降，且变异系数也较小；否则，日粮细粉率和单位时间功耗上升，且变异系数也较大（仍小于10%）。

综合考虑各指标，在本试验中主轴转速取值范围应为：揉搓转子主轴转速40r/min左右，剪切转子主轴转速50r/min左右。

2. 转子间隙

在本试验中，在转子间隙因素的参数选择上，饲料混合均匀度（变异系数）是重点保证的质量指标，其次是日粮细粉率和单位时间功耗指标。在本试验中可以看出，转子间隙对单位时间功耗的影响很小，转子间隙对日粮细粉率的影响较小，但转子间隙对饲料混合均匀度的影响很大（当转子间隙取最大值时，变异系数达12.3%）。

综合考虑各指标，在本试验中转子间隙取值范围应为11mm左右。

3. 齿杆角度

在本试验中，齿杆角度对单位时间功耗的影响很小，齿杆角度对日粮细粉率的影响较小，齿杆角度对饲料混合均匀度的影响稍大（仍小于10%）。总的来看，齿杆角度对各指标的影响较小。

综合考虑各指标，在本试验中齿杆角度取值范围应为5°以上。

4. 混合时间

在本试验中，混合时间对单位时间功耗没有影响，混合时间对日粮细粉率的影响很大，混合时间对饲料混合均匀度的影响稍大。

综合考虑各指标，在本试验中混合时间取值范围应为10min左右。

5. 加料数量

本试验中，加料数量对单位时间功耗的影响很大，加料数量对日粮细粉率的影响较大，加料数量对饲料混合均匀度的影响稍大。

加料数量应根据具体设备的设计要求确定。

综合考虑各指标，本试验中参数取值范围为：揉搓转子主轴转速40r/min左右、剪切转子主轴转速50r/min左右，转子间隙11mm左右，齿杆角度5°以上，混合时间10min左右，加料数量应按具体设备要求确定。

（二）样机试验

依据以上参数在对奶牛场实际应用的原料进行混合加工时发现，日粮中的粗纤维饲料主要为青贮饲料和苜蓿干草,日粮加工过程较强烈。对此,在加工样机时进行了参数调整,即将揉搓转子主轴转速降低为30r/min、剪切转子主轴转速降低为42r/min、混合时间降低为5~7min、转子间隙为11mm、齿杆角度为5°时,混合均匀度较低、粗纤维饲料粒度分布更合理、功率消耗较低。

在此基础上,设计并加工了双轴卧式全混合日粮混合机样机,且在哈尔滨市某奶牛养殖场进行了试验(图4-45),试验效果表明,该机可以满足全混合日粮混合加工要求。

图4-45 双轴卧式全混合日粮混合机样机试验现场

第五章 拨板式全混合日粮混合机研究

第一节 拨板式全混合日粮混合机设计

一、总体设计

中国规模化奶牛场大都已采用日粮饲喂技术，所用的设备一般都是大型的立式单螺旋或双螺旋以及卧式三螺旋全混合日粮混合设备。为促进中国以奶牛业为代表的反刍动物饲养业的规模化发展，根据中国具体国情，本章研制了拨板式全混合日粮混合机试验样机，它具有结构简单、成本低廉、实用性强等特点。

本研究设计的拨板式全混合日粮混合机试验样机主要由上机体、转子、下机体、支架和传动装置等组成。其试验样机的外形尺寸为 1m×0.6m×1.5m，有效容积为 0.5m³，所需配套动力为 4kW，如图 5-1 所示。

图 5-1　拨板式全混合日粮混合机试验样机

二、主要机构设计

（一）混合转子设计

转子为拨板式全混合日粮混合机的核心工作部件，其试验样机的转子直径为950mm，宽为450mm，主要由侧圆环、支臂、横梁、转轴和混合叶板组成，转子的结构如图5-2所示。转子上共安装4个混合叶板，混合叶板宽120mm、厚5mm，其顶端线与轴线之间安装角度称为混合叶板角度，并且混合叶板平面绕其顶端线顺时针旋转45°安装，混合叶板在转子旋转过程中对全混合日粮进行搅拌混合；4个横梁与混合叶板等间距交替安装在转子上，横梁由50mm×5mm的等边角钢制成，其长为430mm，与支臂一起固定侧圆环，同时横梁还有辅助推料的作用；侧圆环主要是用来安装混合叶板，其内径为415mm、外径为475mm、厚为10mm，为了加工方便侧圆环主要由4个中心角90°的扇形圆环拼接而成；支臂的长为440mm、宽为50mm、厚为10mm，主要用来支撑和固定侧圆环；转轴为转子的核心部件，对于整个转子起到支撑及传递运动和力的作用，主轴中部直径为50mm。

图5-2 转子结构
1. 侧圆环 2. 混合叶板 3. 支臂 4. 转轴 5. 横梁

（二）机体结构设计

机体由上机体和下机体组成，上机体开有喂入口，考虑到加料无阻碍并且为了使工作过程中与上机体内壁接触的物料能够快速的落回混合室，上机体的设计从几何外形上分为上下两部分，上部分是截面为等腰梯形的直四棱柱，下部分为正四棱柱，具体结构如图5-3所示。下机体主要由底板（8块直板拼接而成的半圆形，每两块直板之间的安装夹角为157.5°）、半圆形下侧板、支撑板及卸料机构组成，具体结构如图5-4所示。在工作时，混合叶板与底板之间留有10mm间隙，当混合叶板推动物料运动经过两块直板对接的位置时，下一块直板会改变物料运动方向，使物料有更多的机会参与变位混合。为卸料方便，卸料机构配有两个带有十字手柄的螺杆，利用螺杆的调节来控制卸料口处直板的夹紧和放松。

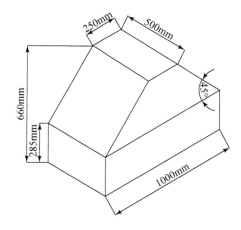

图 5-3　上机体结构

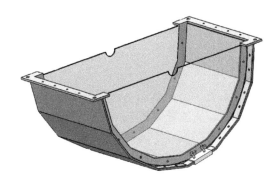

图 5-4　下机体结构

（三）动力及控制系统

结合拨板式全混合日粮混合机试验样机的工作原理及结构特点，比较各传动机构的适用性和经济性，确定该机传动方式为链轮传动。使用减速电机提供动力，并用变频器控制转子转速。

1. 减速电机

根据有关资料及全混合日粮实际工作转速的范围可知，全混合日粮混合机的转速一般在 15～100r/min，本研究选用电机与减速器直连型的 XWD-5 行星摆线针轮减速机作动力。

2. 变频器

试验采用 1 台三菱 FR-F740-45K-CHT1 变频器，变频器频率输出范围在 0.5～400Hz，根据减速机的额定功率，变频器的频率在 0～50Hz 连续可调。变频器调整频率与混合机转速的关系为

$$f_0 = \frac{i \times p_j}{60} \times n_2 \tag{5-1}$$

式中，i 为总传动比；n_2 为转子转速，r/min；f_0 为变频器频率，Hz；p_j 为电机磁极对数，两极为一对，四极为两对如此类推。

第二节　拨板式全混合日粮混合机机理分析

本节针对自行研制的拨板式全混合日粮混合机开展较深入的混合机理研究。为此，在混合室三维空间建立空间坐标系 XYZ，设转轴为 X 轴，YOZ 面垂直于转轴，将物料在混合室三维空间运动分为绕转轴（在 YOZ 面内）的周向运动和沿转轴（在 XOY 面内）的轴向运动，同时为详细分析其混合过程，将混合过程按混合室空间平均分为 4 个区进行描述，Ⅰ、Ⅱ、Ⅲ、Ⅳ区分别位于第 3、2、1、4 象限，并利用高速摄像技术透过透明侧板观察物料在混合室内的混合过程，利用高速摄像分析软件分析物料的运动速度并拟合运动轨迹曲线方程，辅助分析混合机理，为相关研究提供参考。

本节采用的高速摄像系统为美国 Vision Research 公司生产的 Phantom V5.1。整个系统包括 Phantom 主机（高速摄像机）、电脑（XP 操作系统）、三脚架、新闻灯提供光源照明、相应的数据线、电源线等。拨板式全混合日粮混合机高速摄像拍摄现场如图 5-5 所示。

通过预试验分析可知，物料在混合室各个区内的周向混合运动较强，混合运动剧烈，而轴向混合运动相对弱，在分析混合机理时，重点研究物料在混合室内的周向混合，并逐区进行详细介绍，而对物料在混合室内的轴向（水平面）混合进行总体分析。由于物料在混合室内的混合运动十分复杂，有些物料的运动具有很大的随机性，很难确定其运动轨迹，所以为了分析简便，对物料轨迹分析时，主要针对混合室内物料流进行分析。

图5-5　拨板式全混合日粮混合机高速摄像拍摄现场

一、混合室内物料周向混合分析

由于受混合叶板的推送与拖带作用力，以及物料之间的摩擦力作用，在混合过程中混合叶板和转轴之间会夹带一些物料，这些物料会挤压在混合叶板与转轴之间（称挤压物料层）跟随混合叶板一起绕转轴转动；同时在混合过程中横梁、转轴和两侧的支臂形成一个框架，工作时类似于一把无底锹将物料成团托起。这样在混合过程中，物料易受混合叶板和无底锹的作用在混合室内团转。当混合叶板运动到一定位置且转子转速满足一定条件时，混合叶板带动的物料会向前下方抛撒，挤压物料层产生破裂，其下落的物料可逐步打破无底锹托起的物料团，进而在混合过程中可以交替产生物料间的剪切、扩散和对流混合。

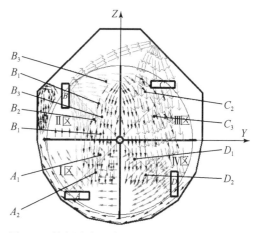

图5-6　拨板式全混合日粮混合机混合过程示意

物料在混合室内的混合情况如图5-6所示，根据高速摄像拍摄物料在混合室内的混合运动过程绘制，A_1、B_1、D_1为对流混合形成区，A_2、B_2、C_2、D_2为剪切混合形成区，B_3、C_3为扩散混合形成区。为分析混合叶板上物料的受力情况，取混合叶板在4个区内一般位置进行分析，如图5-7所示。

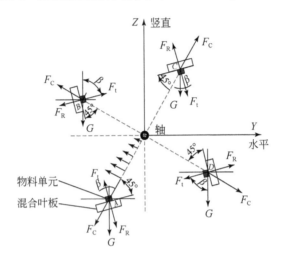

图5-7　物料单元在混合过程中受力示意

（一）混合Ⅰ区物料周向混合分析

在混合Ⅰ区，随着混合叶板转动，对混合叶板上的物料单元进行受力分析如图5-7所示。物料单元在水平、竖直方向的表达式为

$$F_Z = (F_t - F_R)\cos\beta - G - F_C\cos\left(\frac{\pi}{4} - \beta\right) \geq 0 \tag{5-2}$$

$$F_{-Y} = (F_t - F_R)\sin\beta + F_C\sin\left(\frac{\pi}{4} - \beta\right) - fF_t\cos\beta \geq 0 \tag{5-3}$$

$$F_C = m\frac{v^2}{r} \tag{5-4}$$

式中，F_t为混合叶板对物料单元的总作用力在YOZ坐标面内的分力（后称作用力），随转速的增大而增大，N；F_C为物料单元受到的离心力，N；F_R为物料单元受到其他物料的总反作用力在YOZ坐标面内的分力（后称反作用力），N；G为物料单元的重力，N；B为F_t与竖直方向的夹角，（°）；F为物料与混合叶板之间的滑动摩擦因数。

1. 物料的运动轨迹分析

由式（5-2）和式（5-3）可以看出当转速低时，即 F_Z 与 F_{-Y} 均为 0，在混合Ⅰ区内物料跟随混合叶板一起运动作周转。当转速高时，即 F_Z 与 F_{-Y} 均大于 0，此时物料有向左上方运动的趋势，受到混合机壳体的限制，同时混合Ⅰ区内被混合叶板推动的物料被夹在混合叶板、转轴与无底锹之间，所以混合Ⅰ区内被混合叶板推动的物料在运动过程中整体上跟随混合叶板一起作圆周运动。因此，混合Ⅰ区内被混合叶板推动的物料运动轨迹为

$$y^2 + z^2 = r_a^2 \tag{5-5}$$

式中，r_a 为物料在混合Ⅰ区的转动半径。

由式（5-5）可知其轨迹曲线为等径圆弧。

2. 物料的混合过程分析

由式（5-2）可知，物料在混合叶板作用力 F_t 的分力作用下克服其离心力 F_C、反作用力 F_R 的分力及重力 G 跟随混合叶板运动，且由式（5-4）可看出，转子转速越高则 F_C 越大，进而混合叶板对物料的作用力 F_t 越大。混合叶板推动的物料在混合Ⅰ区作等径圆弧运动，并且挤压物料层内部越靠近轴处的物料受到混合叶板的带动作用力越小（图 5-7 中的箭头），进而物料间的摩擦带动力减小，在混合过程中受力较小的物料运动慢，使物料之间产生速度差，物料层间会发生滑移形成剪切混合，并随 β 角减小，重力促使物料产生向下滑动的趋势逐渐增强，此速度差逐渐增大。同时混合Ⅱ区下落进入混合Ⅰ区的物料（图 5-8 中 k 所在区域）会与挤压物料层内物料发生碰撞形成对流混合，碰撞后使部分挤压物料层破裂，破裂下落的物料（图 5-6 中混合Ⅰ区向下滑落的蓝色箭头）与上方下落的物料形成剪切混合（图 5-6 中 A_1 和 A_2 区域）。

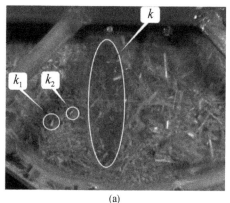
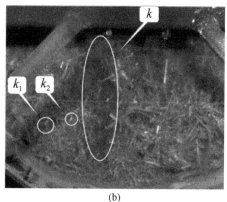

(a)　　　　　　　　　　　　　　(b)

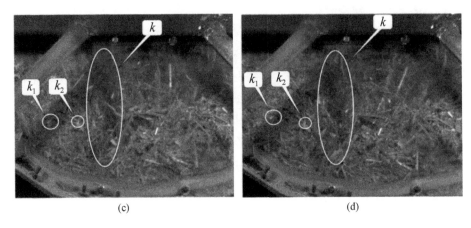

(c)　　　　　　　　　　　　(d)

图5-8　物料在混合 I 区的混合情况

图5-8是混合 I 区内物料的混合情况，照片时间间隔为0.034s。k_1和k_2是挤压物料层中2个标记点，其中k_1相对于k_2离轴较远，由高速摄像软件算出k_1颗粒的平均速度为0.54m/s，k_2颗粒的平均速度为-0.17m/s，从两个颗粒所在的物料层的平均速度可以看出，在挤压物料层内物料层间存在速度差，即存在剪切混合，从图5-8可以看出，混合 II 区内下落的物料对挤压物料层有冲击，且使部分挤压物料层破裂，k_2颗粒的平均速度为负值，说明其对物料层速度影响较大，甚至会改变部分物料的速度方向。

图5-9为在混合 I 区物料颗粒k_1、k_2运动过程中到转轴的距离，并拟合出直线方程，从直线方程可以看出，物料颗粒k_1、k_2到转轴的距离几乎均呈水平直线，说明在混合 I 区被混合叶板推动的物料运动轨迹近似为等径圆弧。

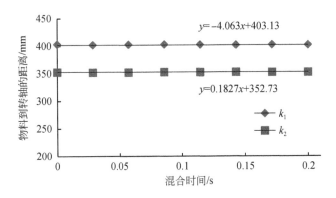

图5-9　混合 I 区物料颗粒k_1、k_2运动过程中到转轴的距离

（二）混合Ⅱ区物料周向混合分析

在进入混合Ⅱ区时，混合机内壁由下机体安装的直板所折成的弧线形底板变成了上机体的直线板结构，混合叶板与混合机内壁的间隙突然变大，此时，混合叶板拖动的外层物料由于受离心力作用沿机体内壁被抛起，并在重力作用下回落且融入转子带动的物料流。

1. 转速低时混合Ⅱ区内物料的混合分析

在混合Ⅱ区，随着混合叶板转动，β 角的变化范围为 45°～135°，混合叶板 B 上物料单元的受力分析如图 5-7 所示。当转速低时物料运动到混合Ⅱ区某一位置后会有向下运动的趋势，其竖直方向受力分析表达式为

$$F_{-Z} = G - (F_{\mathrm{t}} - F_{\mathrm{R}})\cos\beta - F_{\mathrm{C}}\cos\left(\frac{3\pi}{4} - \beta\right) - fF_{\mathrm{t}}\sin\beta \geqslant 0 \tag{5-6}$$

即

$$F_{\mathrm{C}} \leqslant \frac{G - (F_{\mathrm{t}} - F_{\mathrm{R}})\cos\beta - fF_{\mathrm{t}}\sin\beta}{\cos\left(\dfrac{3\pi}{4} - \beta\right)} \tag{5-7}$$

得

$$v \leqslant \sqrt{\frac{\left[G - (F_{\mathrm{t}} - F_{\mathrm{R}})\cos\beta - fF_{\mathrm{t}}\sin\beta\right] r_a}{m\cos\left(\dfrac{3\pi}{4} - \beta\right)}} = v_a \tag{5-8}$$

1）物料的运动轨迹分析

此时物料在混合Ⅱ区运动到一定高度后会向前下方抛落，设物料在混合Ⅱ区内转过 γ 角后开始向下抛落，则转过 γ 角范围内的运动轨迹方程与混合Ⅰ区相同。物料转过 γ 角后的轨迹方程为

$$\begin{cases} y = vt\sin\gamma - r_a\cos\gamma \\ z = r_a\sin\gamma + vt\cos\gamma - \dfrac{1}{2}gt^2 \end{cases} \tag{5-9}$$

即

$$z = r_a\sin\gamma + \frac{\cos\gamma\,(y + r_a\cos\gamma)}{\sin\gamma} - \frac{1}{2}g\,\frac{(y + r_a\cos\gamma)^2}{v^2\sin^2\gamma} \tag{5-10}$$

式中，$\gamma = \beta - \dfrac{\pi}{4}$；$v$ 为物料颗粒的运动速度；t 为运动时间；g 为重力加速度。

可见其轨迹为向下的抛物线，根据物料在混合叶板上所处的位置不同，其下落的运动方向有两个，处于物料层下方的物料先下落进入混合Ⅰ区。处于物料层上部的物料后下落进入混合Ⅲ区。

图 5-10 是转子转速为 20r/min、混合叶板角度为 16°、充满系数为 50% 时高速摄像拍摄的混合Ⅱ区物料脱离混合叶板的运动轨迹，照片时间间隔为 0.028s。从图 5-10（a）可以测出物料颗粒 a 开始下落时转过的角度 γ 为 77°，物料颗粒 a 距离转轴的距离 r_a 为 0.408m。将测得的结果代入式（5-10）得物料颗粒 a 的运动轨迹方程，见式（5-11）。根据运动过程中物料颗粒 a 的坐标绘制出其运动轨迹曲线，并拟合出曲线方程，如图 5-11 所示，可以看出拟合出的曲线方程与理论分析方程很接近。由图 5-11 可以看出，物料颗粒 a 在向前运动的同时还有向下抛撒的速度，且由式（5-11）可知，当物料颗粒 a 向前运动 100mm 时，下落高度为 190mm，由此可看出物料下落的速度较快，对介于混合Ⅰ区与Ⅱ区、混合Ⅱ区与混合Ⅲ区交界处的无底锹托起的物料团产生的冲击力较大，加剧了混合室内的对流、剪切和扩散运动。

$$z = -7.082y^2 - 1.063y + 0.361 \tag{5-11}$$

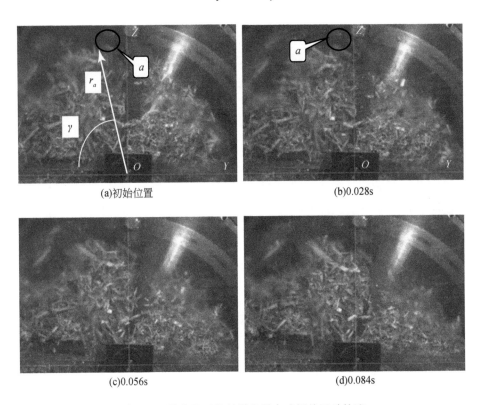

(a)初始位置   (b)0.028s

(c)0.056s   (d)0.084s

图 5-10　混合Ⅱ区物料脱离混合叶板的运动轨迹

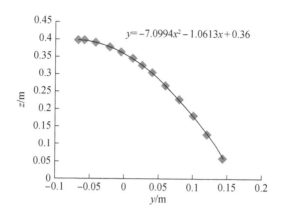

图 5-11　混合 II 区物料颗粒 a 的运动轨迹曲线

2）物料的混合过程分析

由式（5-6）可以看出，物料所受的重力逐渐起主导作用，当 $\beta \geq 90°$ 时，重力所起作用最大，在竖直方向上物料所受的重力 G 和反作用力 F_R 的分力之和要大于物料所受的离心力 F_c 的分力、作用力 F_t 和摩擦力的分力之和，物料被混合叶板向前下方抛撒。设混合叶板对物料水平向前推送力为 F_1，则 $F_1 = F_t \sin\beta$，且 F_1 随 β 的增大而增大，所以当 β 为 45°～90° 时，随 β 的增大抛撒作用逐渐增强，此时挤压物料层完全破裂，散落的物料与被混合叶板 B 抛撒的物料形成剪切、扩散混合（图 5-6 中 B_2 和 B_3 区域）；混合叶板 B 抛撒的物料一部分穿过混合 II 区落到混合 I 区，在此过程中与介于混合 II 区和混合 I 区交界处的无底锹托起的物料团及混合 I 区内上升的物料形成强烈的对流混合（图 5-6 中混合 II 区向下运动的绿色箭头，在 B_1 区域）；还有一部分物料向混合 III 区方向运动，与介于混合 II 区和混合 III 区交界处的无底锹托起的物料团相撞，形成对流混合（图 5-6 中混合 II 区上部，在 B_1 区域），促进此处物料团的加速破裂，散开的物料团以 XOZ 面为分界线向两侧作向下的瀑布运动。物料团上处于混合 II 区内的物料落向混合 I 区，下落过程中与混合 II 区下落的其他物料形成剪切、扩散混合（图 5-6 中混合 II 区向下滑落的黑色箭头，在 B_2 和 B_3 区域），与介于混合 I 区和混合 II 区交界处的无底锹托起的物料团及混合 I 区上升的物料形成强烈的对流混合（图 5-6 中混合 II 区向下滑落的黑色箭头，在 B_1 区域）。当 $\beta \geq 90°$ 时，混合叶板与物料开始逐渐分离。

图 5-12 是转子转速为 30r/min，混合叶板角度为 16°，充满系数为 50% 时高速摄像拍摄的混合 II 区混合叶板抛撒的物料与无底锹托起的物料团冲撞过程，照片时间间隔为 0.083s。从图 5-12 中可以看出，在混合 II 区混合叶板抛撒的物料

中，一部分物料与介于混合Ⅱ区和混合Ⅲ区交界处的无底锹托起的物料团相撞，形成对流混合，促进此处无底锹托起物料团的加速破裂。

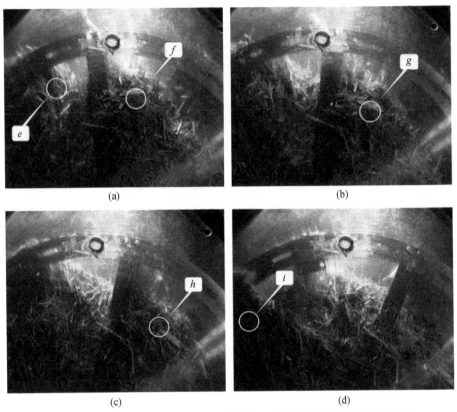

图 5-12　混合Ⅱ区混合叶板抛撒的物料与无底锹托起的物料团冲撞过程

2. 转速高时混合Ⅱ区内物料的周向混合分析

当转速较高时，物料在混合Ⅱ区跟随混合叶板运动的同时还有向上运动的趋势，其竖直方向受力为

$$F_Z = (F_t - F_R)\cos\beta + F_C\cos\left(\frac{3\pi}{4} - \beta\right) - fF_t\sin\beta - G \geqslant 0 \tag{5-12}$$

即

$$F_C \geqslant \frac{G - (F_t - F_R)\cos\beta + fF_t\sin\beta}{\cos\left(\frac{3\pi}{4} - \beta\right)} \tag{5-13}$$

得

$$v \geqslant \sqrt{\frac{[G - (F_t - F_R)\cos\beta + fF_t\sin\beta]r}{m\cos\left(\frac{3\pi}{4} - \beta\right)}} = v_b \tag{5-14}$$

式中，m 指物料颗粒质量。

1）物料的运动轨迹分析

当转速满足式（5-15）时，物料跟随混合叶板运动到混合Ⅲ区，转过一定角度后开始下落，则在此过程中的轨迹为等径圆弧，其轨迹方程与式（5-5）相同。此时物料跟随混合叶板运动到混合Ⅲ区，加剧了混合Ⅲ区物料的混合强度，同时也影响了混合Ⅳ区物料的变位交叉渗透混合的强度。

$$v_a < v < v_b \tag{5-15}$$

当转速过高时，即转速满足式（5-14）时，物料运动到一定高度后会向前上方抛起。为简化分析，假设在混合Ⅱ内物料也在混合叶板转过 γ 角后抛起，则其运动方程表达式与式（5-10）相同，由式（5-10）可以看出当转速过高时，轨迹曲线近似于直线，所以抛起的物料会向前撞击到壳体然后弹回混合室。

2）物料的混合过程分析

由式（5-12）可以看出，此时在竖直方向上物料所受的离心力 F_C 和作用力 F_t 的分力之和要大于物料的重力 G、反作用力 F_R 和摩擦力的分力之和，物料被混合叶板 B 向前上方抛撒。由上述分析可知，混合叶板对物料水平向前推送力 F_t 随 β 的增大而增大，所以当 β 为 90°～135° 时，随 β 的增大抛撒作用逐渐增强；混合叶板运动到 $\beta \geqslant 90°$ 时，随 β 的增大物料逐渐脱离混合叶板被向前上方抛起，被抛起的物料会与混合机上机体发生碰撞，然后被反弹下落与混合Ⅲ区其他下落的物料产生扩散、剪切混合（图5-6中粉色箭头，在 C_2 和 C_3 区域）。

（三）混合Ⅲ区物料周向混合分析

1. 物料的运动轨迹分析

在混合Ⅲ区混合叶板所推动的物料竖直方向上受力分析见式（5-16）。根据轨迹方程可以判断物料运动轨迹应为方向向下的一条抛物线。虽然混合Ⅲ区下落的物料整体上是在作抛物线运动，但是物料抛落位置不同及物料之间粒度及质量的差异使物料抛落的轨迹存在差异，使混合Ⅲ区抛落的物料之间存在剪切混合运动，且转速越高混合Ⅲ区粒度及质量差异大的物料抛物线轨迹差别越大，物料之间交叉渗透剧烈，抛落的物料之间剪切混合运动强烈。

$$F_{-z} = (F_t - F_R)\cos\beta + G - F_C\cos\left(\frac{\pi}{4} - \beta\right) \geqslant 0 \tag{5-16}$$

2. 物料的混合过程分析

在混合Ⅲ区，当转速较低时物料所受离心力较小，同时由于物料的重力作用，混合叶板还未进入混合Ⅲ区时，物料与混合叶板几乎完全脱离，当混合叶板进入混合Ⅲ区时下方基本没有物料，此时在混合Ⅲ区混合叶板对物料的作用较小；根据预试验可知，当转子转速超过 15r/min 时，才会有部分物料跟随混合叶板进入混合Ⅲ区，此时混合叶板 C 下方的物料在自身的重力和混合叶板 C 的作用下加速向下运动，与物料团破碎后瀑布下落物料在混合Ⅲ区形成剪切、扩散混合（图5-6中C_2和C_3区域），同时物料团破碎后瀑布下落物料之间由于所处的位置不同，产生速度差，进而产生剪切混合（图5-6中C_2区域）。

图5-13是混合Ⅲ区物料的运动情况，照片时间间隔为0.034s。从图5-13可以看出，转速在20r/min时，有一小部分物料跟随混合叶板转动，混合Ⅲ区混合叶板下方的物料与无底锹散落的物料随着转子的转动交叉融合在一起，形成剪切、扩散混合。

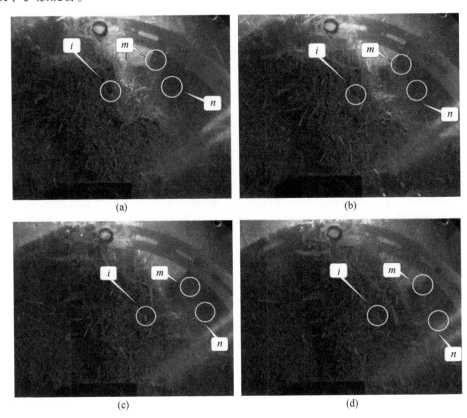

图5-13　混合Ⅲ区物料的运动情况

（四）混合Ⅳ区物料周向混合分析

1. 物料的运动轨迹分析

从混合Ⅲ区下落的物料落到混合Ⅳ区后与混合Ⅳ区原有物料混合在一起，其运动轨迹变为与混合Ⅳ区原有物料相同的轨迹。物料在混合Ⅳ区水平、竖直方向受力分析见式（5-17）和式（5-18）。

$$F_{-Z} = G + \left(F_{t} - F_{R}\right)\cos\beta + F_{C}\cos\left(\frac{\pi}{4} - \beta\right) - fF_{t}\cos\beta \geq 0 \tag{5-17}$$

$$F_{-Y} = \left(F_{t} - F_{R}\right)\sin\beta - F_{C}\sin\left(\frac{\pi}{4} - \beta\right) \geq 0 \tag{5-18}$$

由式（5-17）和式（5-18）可以看出，当转速低时，即 F_{-Z} 与 F_{-Y} 均为 0 时，物料跟随混合叶板一起运动作周转；当转速高时，即 F_{-Z} 与 F_{-Y} 均大于 0 时，物料有向左下方运动的趋势，但是物料受到下方混合机壳体的限制，整体上混合Ⅳ区物料跟随混合叶板一起运动做周转，此时在混合Ⅳ区的运动轨迹近似为等径的圆弧运动。其运动轨迹方程与式（5-5）相同。同时由上述分析可知，混合Ⅲ区下落的物料（包括物料团下落的物料和混合叶板下方推动的物料）进入混合Ⅳ区与混合Ⅳ区原有物料接触后，其运动轨迹由原来向下的近似抛物线运动立刻变为等径圆弧运动，所以此过程物料运动轨迹变化产生强烈的对流混合和剪切混合。

2. 物料的混合过程分析

在混合Ⅳ区，随着混合叶板转动，β 角的变化范围为 45°～135°。由式（5-17）可知，在竖直方向上物料所受的重力 G 和离心力 F_{C}、作用力 F_{t} 的分力之和要大于物料的反作用力 F_{R} 和摩擦力的分力之和，物料跟随混合叶板 D 运动的同时还有向下运动的趋势，使混合叶板所推动的物料之间发生层动，产生剪切混合。根据 F_{C} 的表达式可知，随着转速增大，离心力增大，由式（5-17）可知，物料向下运动的趋势显著。当 $\beta \geq 90°$ 时，物料开始在混合叶板上方跟随其转动，此时随着 β 的增大，物料向下运动的趋势逐渐减小。混合叶板推动的物料运动速度快，而混合Ⅳ区上部的物料运动速度慢，使两者之间存在速度差而发生层动，形成剪切混合（图 5-6 中 D_{2} 区域）。同时混合Ⅲ区瀑布下落物料流的内侧物料与混合叶板 D 推动的物料相撞形成对流（图 5-6 中 D_{1} 区域）。

混合Ⅲ区瀑布下落的物料流外侧的物料及混合叶板下方的物料共同进入混合Ⅳ区并被混合叶板推动沿混合机底板转动，同时瀑布下落的物料流内侧的物料下落到混合Ⅳ区并插入混合Ⅳ区物料。图 5-14 是混合Ⅲ区瀑布物料流内侧的物料插入混合Ⅳ区物料的情况，照片时间间隔为 0.034s。由图 5-14 可以看出，混合Ⅲ区插入混合Ⅳ区的物料流穿透力很强，物料流连续，且几乎贯穿混合Ⅳ区，与

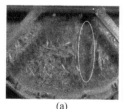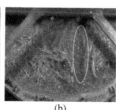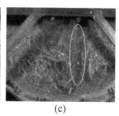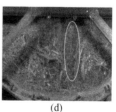

(a)　　　　　　　　(b)　　　　　　　　(c)　　　　　　　　(d)

图 5-14　混合Ⅲ区进入混合Ⅳ区的物料流

混合Ⅳ区的物料形成强烈的对流混合。图 5-14 中圆圈表示混合Ⅲ区进入混合Ⅳ区的物料流。

二、混合室内物料轴向混合分析

（一）物料轴向受力分析

根据理论分析可知，拨板式全混合日粮混合机在混合室内对物料的轴向作用力主要来自混合叶板。为分析混合叶板对推动物料的总作用力，先将一动坐标系 $X_1Y_1Z_1$ 固定在混合叶板上，然后将混合叶板置于定坐标系 XYZ（混合室空间坐标系）的 XOZ 面内，其顶端线与轴线平行，此时动定坐标系重合，如图 5-15（a）所示。设混合叶板对物料的总作用力 F 的大小由矢量线段 OA 的长度来表示，则根据图 5-15（a）所示 A 点的坐标（x，y，z）为（0，F，0），力 F 方向与 Y_1 轴正方向相同。按照混合叶板在转子上安装要求，混合叶板平面绕其顶端线旋转 45°，然后其顶端线与轴线之间安装角度为 α（绕 Z 旋转 α 角），按图 5-15（a）位置旋转之后的混合叶板如图 5-15（b）所示。

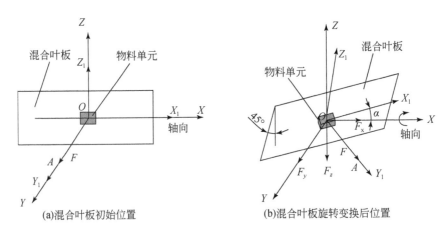

(a)混合叶板初始位置　　　　　　(b)混合叶板旋转变换后位置

图 5-15　混合叶板对物料作用力的欧拉旋转变换

设经两次旋转变化后 A 点在定坐标系中的坐标为（x'，y'，z'），根据直角坐标系的欧拉旋转变换矩阵得

$$
\begin{bmatrix} x' \\ y' \\ z' \end{bmatrix} = E^{j\alpha} E^{i\gamma} \begin{bmatrix} 1 & 0 & 0 \\ 0 & 1 & 0 \\ 0 & 0 & 1 \end{bmatrix} \begin{bmatrix} x \\ y \\ z \end{bmatrix}
\tag{5-19}
$$

其中，

$$E^{i\gamma} = \begin{bmatrix} 1 & 0 & 0 \\ 0 & \cos\gamma & \sin\gamma \\ 0 & -\sin\gamma & \cos\gamma \end{bmatrix} \tag{5-20}$$

$$E^{j\alpha} = \begin{bmatrix} \cos\alpha & \sin\alpha & 0 \\ -\sin\alpha & \cos\alpha & 0 \\ 0 & 0 & 1 \end{bmatrix} \tag{5-21}$$

$\gamma = 45°$。

得

$$\begin{bmatrix} x' \\ y' \\ z' \end{bmatrix} = \begin{bmatrix} (\sin\alpha\cos45°)F \\ (\cos45°\cos\alpha)F \\ -(\sin45°)F \end{bmatrix} \tag{5-22}$$

则混合室内物料受到轴向力 F_x 的表达式见式（5-23）：

$$F_x = \left(\frac{\sqrt{2}}{2}\sin\alpha\right)F \tag{5-23}$$

同理利用欧拉旋转变换得到物料轴向运动速度为

$$v_x = (\tan\alpha)v \tag{5-24}$$

式中，v 为转子线速度。

根据式（5-22）~式（5-24）可以看出，在其他条件不变的情况下，随着 α 的增大，物料的轴向力 F_x 增大，混合叶板对物料的轴向推动作用增强，同时随着 α 和 v 的增大，物料的轴向速度 v_x 增大，随着混合叶板角度和转子转速的增大，物料在混合室内轴向运动强度增大，根据结构设计可知，相邻两个混合叶板的顶端线与轴线之间安装角 α 反向，则物料的轴向速度反向，在混合室内整体上沿轴向形成了对流混合。

（二）物料的轴向运动轨迹分析

拨板式全混合日粮混合机在 *XOY* 面的投影如图 5-16 所示。

物料在 *X* 轴上的任意点坐标可表示为

$$x = x_0 + v_x t = x_0 + vt\tan\alpha \tag{5-25}$$

式中，x_0 为物料在 *X* 轴起始点坐标。

根据前面分析物料在 *YOZ* 面的运动轨迹主要有在混合 Ⅰ 区、混合 Ⅱ 区、混合 Ⅳ 区的等径圆弧运动及混合 Ⅱ 区、混

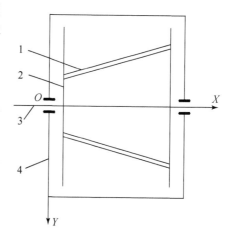

图 5-16　拨板式全混合日粮混合机在 *XOY* 面的投影

1. 混合叶板　2. 侧圆环　3. 转轴　4. 机体

合Ⅲ区的抛物线运动，物料在 Y 轴上的坐标主要有两种表达式。

（1）混合叶板推动的物料在 YOZ 面内作等径圆弧运动时，物料在 XOY 面内的运动轨迹为

$$\begin{cases} x = x_0 + (\tan\alpha)vt \\ y = r\cos(\varphi+\omega t) \end{cases} \tag{5-26}$$

式中，φ 为物料作等径圆弧运动时到转轴连线与 Y 轴正坐标夹角；ω 为转子转动的角速度。

（2）混合叶板推动的物料在 YOZ 面内作抛物线运动时，物料在 XOY 面内的运动轨迹为

$$\begin{cases} x = x_0 + vt\tan\alpha \\ y = vt\sin\gamma - r_a\cos\gamma \end{cases} \tag{5-27}$$

由式（5-26）和式（5-27）可知，转子转速 n 和混合叶板角度 α 对物料在 XOY 面内的运动轨迹影响很大。α 越大轨迹曲线越偏向 X 轴，则物料在混合室内轴向对流运动越强烈；但是当 α 过大时则物料的轴向运动过强，由轨迹表达式可以看出 Y 轴运动相对减弱，即混合室内的周向运动减弱，整体上不利于物料均匀混合。随着 n 的增大由式（5-26）和式（5-27）中 X 轴的表达式可知，物料的轴向运动增强，轴向对流混合加剧利于物料混合均匀，但是若 n 过大，由前面的周向运动分析可知，混合叶板对物料的作用过强，使物料容易离析和分级。

图 5-17 是在混合机顶部观察物料在混合Ⅱ区混合叶板 q 上被推送的轨迹，照片时间间隔为 0.017s，图中 q 为混合叶板。从图 5-17 可以看出，此位置物料被混合叶板向左前方推送。以图 5-17 中物料颗粒 p 作为标记测得轴向平均速度 $v_x = 0.248\text{m/s}$，绘制出物料颗粒 p 被混合叶板推送的轨迹曲线，并由此拟合出曲线方程（图 5-18）。

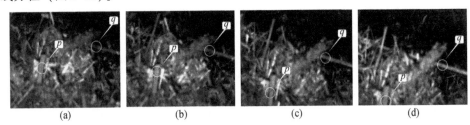

图 5-17　在混合Ⅱ区和混合Ⅲ区中间部位物料颗粒 p 被混合叶板 q 推送轨迹

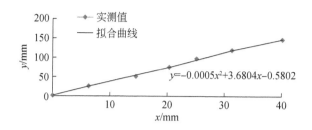

图 5-18　物料颗粒 p 被混合叶板 q 轴向推送的轨迹曲线

从图 5-18 可以看出，当混合叶板按图 5-17 所示角度安装时（混合叶板安装角度为 16°），有向左前方推送物料的趋势，且当物料颗粒 p 向前运动 78mm 时，被向左推送 10mm，由测得 v_x 值表明运动趋势较明显。由本研究设计可知，下一个混合叶板角度反向，则下一个混合叶板运动到此位置时将物料向右前方推送，因而混合过程中在混合室三维空间内可形成对流混合，且随着混合叶板角度的增大，轴向作用强度增大，物料在混合室三维空间内变位渗透混合加剧。

（三）物料轴向混合过程分析

1. 混合 I 区

在混合 I 区通过改变混合叶板角度可以改变混合叶板对物料的轴向推送能力，且随着混合叶板角度的增加轴向推送能力增大，混合 I 区内物料的对流混合更加剧烈，但当混合叶板角度增加过大（大于 45°）时，混合叶板对物料的周向作用强度减弱较大，进而影响物料在混合 I 区内的总体对流运动。具体混合叶板角度对物料混合均匀度的影响见 5.4 节中的试验验证。

2. 混合 II 区

混合叶板角度的存在，使混合 II 区物料在下落的同时还有轴向运动的趋势，进而促进混合 II 区内交叉渗透混合，同时影响混合 II 区物料落向混合 I 区的方位，即物料在混合 II 区向下进入混合 I 区的同时，受到轴向推动作用，改变下落轨迹，同时相邻混合叶板推送物料的方向相反，促进物料的变位混合。

3. 混合 III 区

由前面分析可知，在混合 III 区内混合叶板下方物料相对较少且运动速度较快，混合叶板角度对其影响很小。

4. 混合 IV 区

受混合叶板角度的影响，混合 IV 区内混合叶板推动的物料除了向前下方运动外，还有轴向运动的趋势，进而促进混合 IV 区内交叉渗透混合，同时由上述分析可知，混合 III 区下落的物料会与混合 IV 区的物料形成对流混合，混合 IV 区物料的轴向运动直接影响了与混合Ⅲ区下落的物料的接触，使混合Ⅳ区内交叉渗透混合加剧，且角度越大越明显。

第三节　拨板式全混合日粮混合机仿真分析

本节采用离散元法（distinct element method，DEM）进行仿真分析，离散元法是求解与分析复杂离散系统运动规律与力学特性的一种新型数值方法，它与求解复杂连续系统的有限元法（finite element method，FEM）及边界元法（bounday element method，BEM）具有类似的物理含义和平行的数学概念，但具有不同的模型和处理手段。离散元法基本原理是将研究对象分成相互独立的单元（圆形单元或椭圆形单元或多边形单元等），单元之间相互接触，其计算是在接触力与位移的关系和牛顿第二定律两者的交替中进行。牛顿第二定律用来决定每一个颗粒的运动和旋转行为，这些行为产生于接触力及外力与体力的作用。而力与位移的关系是用来更新接触力。

根据牛顿第二定律得到颗粒 i 的运动方程为

$$\begin{cases} \sum F_i = m_i \dfrac{\mathrm{d}^2 s_i}{\mathrm{d}t^2} \\ \sum M_i = J_i \dfrac{\mathrm{d}^2 \theta_i}{\mathrm{d}t^2} \end{cases} \tag{5-28}$$

式中，$\sum F_i$、$\sum M_i$ 分别为颗粒 i 在质心处受到的合外力和合外力矩；s_i、θ_i 分别为颗粒 i 在时刻 t 运动的位移和转过的角度；m_i、J_i 分别为颗粒 i 的质量和转动惯量。

运用中心差分法，对式（5-28）进行数值积分，得到以两次迭代时间步长的中心点所表示的更新速度：

$$\begin{cases} \left(\dfrac{\mathrm{d}s_i}{\mathrm{d}t}\right)_{t+\frac{1}{2}\Delta t} = \left(\dfrac{\mathrm{d}s_i}{\mathrm{d}t}\right)_{t-\frac{1}{2}\Delta t} + \left[\sum F_i / m_i\right]_t \Delta t \\ \left(\dfrac{\mathrm{d}\theta_i}{\mathrm{d}t}\right)_{t+\frac{1}{2}\Delta t} = \left(\dfrac{\mathrm{d}\theta_i}{\mathrm{d}t}\right)_{t-\frac{1}{2}\Delta t} + \left[\sum M_i / m_i\right]_t \Delta t \end{cases} \tag{5-29}$$

式中，Δt 为时间步长。

对式（5-29）进行积分，进而可以得到该颗粒的新位置为

$$\begin{cases} (s_i)_{t+\Delta t} = (s_i)_t + \left[\dfrac{\mathrm{d}s_i}{\mathrm{d}t}\right]_{t+\frac{1}{2}\Delta t} \Delta t \\ (\theta_i)_{t+\Delta t} = (\theta_i)_t + \left[\dfrac{\mathrm{d}\theta_i}{\mathrm{d}t}\right]_{t+\frac{1}{2}\Delta t} \Delta t \end{cases} \tag{5-30}$$

由此得到颗粒 i 的新的位移值，将该新位移代入力与位移关系计算新的作用力，如此反复循环，实现跟踪每个颗粒在任意时刻的运动。

一、颗粒接触模型及仿真建模

（一）颗粒接触模型

在混合过程中物料颗粒之间存在相互接触碰撞，并通过相互之间的接触力的作用使物料之间产生相对运动和位移，此时通过牛顿第二定律可获得物料的新位置，然后物料颗粒在新位置与其他物料继续接触和运动，混合室内的每一个物料颗粒在仿真过程中都是通过这种方式来实现在混合室内的混合运动，所以了解物料颗粒接触模型对了解及分析物料在混合室内的混合过程很有必要。二维中圆形颗粒为点接触，块状颗粒为边与边或角与边接触，如图 5-19 所示。而本研究的物料既有球形物料颗粒也有块状物料颗粒，下面分情况分析。

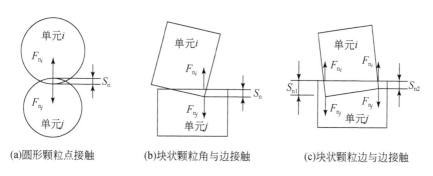

(a)圆形颗粒点接触   (b)块状颗粒角与边接触   (c)块状颗粒边与边接触

图 5-19   离散元法单元的形状及单元间的接触作用形式

1. 球形物料颗粒接触模型

1）物料颗粒间接触模型的建立

本研究中的试验物料在混合室内混合时为密集流，物料在混合机内混合运动强烈，物料间接触力复杂，计算强度较大，所以在本研究仿真分析中球形物料颗粒间的接触选择基于 Hertz 模型的简化模型，即软球模型处理球形物料颗粒间的碰撞，当物料颗粒 i 与物料颗粒 j 的质心间距小于两物料颗粒半径之和时发生碰撞。软球模型不考虑物料颗粒表面变形，其是依据物料颗粒间法向重叠量和切向位移计算接触力，不考虑接触力加载历史。如图 5-20 所示，除了运动方程中设定的弹簧和阻尼器外，软球模型还在物料颗粒 i 与物料颗粒 j 的法向和切向方向分别设定了耦合器及滑动器。

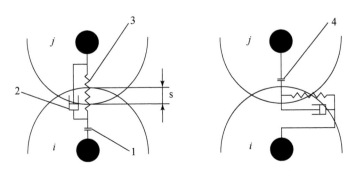

图 5-20　软球模型对物料颗粒间接触力的简化模型
1. 耦合器　2. 阻尼器　3. 弹簧　4. 滑动器

2）物料颗粒间接触力的计算

可将物料颗粒在空间受到的作用力分解到接触点的法向和切向两个方向，每个方向上的力简化成受弹簧及阻尼作用，切向力除考虑弹性及阻尼力外，还需兼顾库仑摩擦力的限制。接触模型将法向力和切向力耦合，计算出物料颗粒在接触碰撞时受到的空间作用力，通过迭代计算出物料颗粒在仿真时间内的位置信息。

法向力 F_{nij} 和切向力 F_{tij} 表示如下：

$$F_{nij} = \left(-k_n s^{\frac{3}{2}} - \eta_{ni} v_{ij} n_{ij} \right) n_{ij} \tag{5-31}$$

$$F_{tij} = -k_t \delta - \eta_{ti} v_{ct} \tag{5-32}$$

$$v_{ct} = v_{ij} - (v_{ij} \times n) n + r(\omega_i + \omega_j) \times n \tag{5-33}$$

式中，s 为法向重叠量；v_{ij} 为物料颗粒 i 相对于物料颗粒 j 的速度；n_{ij} 为从物料颗粒 i 到物料颗粒 j 球心的单位矢量；k_n 为法向弹性系数；k_t 为切向弹性系数；η_{ni} 为物料颗粒 i 的法向阻尼系数；η_{ti} 为物料颗粒 i 切向阻尼系数；v_{ct} 为接触点的滑移速度；ω_i、ω_j 分别为两物料颗粒的旋转角速度；n 为单位法向量；δ 为接触点的切向位移。

当 $|F_{tij}| > f|F_{nij}|$ 时，物料颗粒相对滑移，滑移产生的切向分力为 $F_{tij} = -f|F_{nij}| t_{ij}$

$$t_{ij} = v_{ct} / |v_{ct}| \tag{5-34}$$

式中，f 为滑动摩擦因数；t_{ij} 为单位切向向量。

当物料颗粒 i 同时与多个物料颗粒发生碰撞时，要分别计算每一个物料颗粒与物料颗粒 i 的碰撞受力，然后计算作用于物料颗粒 i 的合力和合力矩。

3）物料颗粒与机体碰撞

当物料颗粒与机体边壁的垂直距离小于物料颗粒半径时，则发生碰撞。碰撞时只需把机体上的碰撞点视为一个大"物料颗粒"来代替物料颗粒 j，该"物料颗粒"的速度为碰撞点处的速度，转动惯量为零，其余物料颗粒间碰撞模型相同。

2. 块状物料颗粒接触模型

1）物料颗粒间接触模型的建立

块状物料颗粒的位置是根据物料颗粒两个端点进行定位，并运用空间解析几何知识，结合物料颗粒本身尺寸判断物料颗粒之间是否发生碰撞及碰撞点位置，然后运用碰撞模型求解物料颗粒碰撞后的状态。当物料颗粒 i 和物料颗粒 j 发生碰撞时，物料颗粒 i 碰撞点在碰撞前后的速度由运动合成定理得

$$v_i = u_i + \omega_i \times r_i \tag{5-35}$$

$$v_i^* = u_i^* + \omega_i^* \times r_i \tag{5-36}$$

式中，v_i 为物料颗粒 i 碰撞点在碰撞前的速度；v_i^*、u_i^* 和 ω_i^* 为物料颗粒 i 碰撞点在碰撞后对应的各参数，ω_i 和 r_i 分别指物料颗粒 i 的角度和半径；表达式如下：

$$u_i^* = u_i + \frac{I_n}{m_i} \tag{5-37}$$

$$\omega_i^* = \omega_i + \frac{r_i + I_n}{J_i} \tag{5-38}$$

式中，I_n 为物料颗粒 i 碰撞点的法向冲量；J_i 为物料颗粒 i 相对质心的转动惯量。

由式（5-35）～式（5-38）可知，物料颗粒 i 在碰撞点处碰撞前后的速度与碰撞点的法向冲量有关，即

$$v_i^* = v_i + \left[\frac{n}{m_i} + \frac{r_i \times n}{J_i} \times r_i \right] |I_n| = v_i + k_i |I_n| \tag{5-39}$$

式中，n 为碰撞点的法向单位矢量。同理对于物料颗粒 j 有

$$v_j^* = v_j + \left[\frac{n}{m_j} + \frac{r_j \times n}{J_j} \times r_j \right] |I_n| = v_j + k_j |I_n| \tag{5-40}$$

式中，v_j^*、v_j 和 r_j 分别为物料颗粒 j 碰撞前后的平动速度和物料颗粒 j 质心到碰撞点的位置矢量；k_i 和 k_j 分别为计算过程中物料颗粒 i 和物料颗粒 j 的常矢量。

碰撞前碰撞点处的法向速度为

$$|v_n| = n \cdot (v_i - v_j) \tag{5-41}$$

同理，得出碰撞后碰撞点处的法向速度为

$$|v_n^*| = n \cdot (v_i^* - v_j^*) = n \cdot (k_i - k_j) |I_n| + |v_n| \tag{5-42}$$

v_n 和 v_n^* 可由恢复系数 e 表示为

$$|v_n^*| = -e |v_n| \tag{5-43}$$

式中，e 为一个描述能量损失的综合概念，为 $0 \sim 1$，0 对应于完全弹性状态，1 对应于完全非弹性状态，本研究中各种试验物料颗粒对应的 e 值见表 2-2。联立

式（5-39）～式（5-43）即可得到颗粒碰撞产生的法向冲量 I_n。

同理运用上述方法求得切向冲量 I_t，结合上面已求得的 I_n 及各矢量的方向分别得总冲量 I_i、I_j，根据式（5-44）可求得物料颗粒 i 和物料颗粒 j 的转矩 M_i、M_j，由此求解物料颗粒因碰撞产生的角加速度和角速度变化。

$$M = r \times I \tag{5-44}$$

若物料颗粒 i 与物料颗粒群发生碰撞，这时只要分别计算物料颗粒群中的每一个物料颗粒与物料颗粒 i 的碰撞冲量，然后计算作用于物料颗粒 i 的合力冲量即可。

2）物料颗粒与转子碰撞

由物料颗粒两端点位置判断物料颗粒是否与转子发生碰撞，当物料颗粒与机体碰撞时，将机体看作一个质量很大的"物料颗粒" j，其中 $k_j = 0$，速度为碰撞点处的速度 v，转动惯量为零，其余内容与物料颗粒间碰撞模型相同。

3）球形物料颗粒与块状物料颗粒接触

球形物料颗粒与块状接触时，则把块状物料颗粒的平面视为半径为无限大的球形物料颗粒，则其接触碰撞的分析与球形物料颗粒间的碰撞一致。

（二）仿真建模

1. 仿真软件简介

本书应用 EDEM 软件进行模拟仿真，EDEM 是全球首个多用途离散元法建模软件，是英国 DEM-Solution 公司的产品之一，该软件的功能是仿真、分析和观察粒子流的运动规律，可用于工业生产中的物料颗粒处理及其制造设备的生产过程的仿真和分析，以及农业物料颗粒运动过程的仿真和分析。EDEM 主要由三大部分组成：Creator（前处理建模工具）、Simulator（DEM 求解器）和 Analyst（后处理器）。在每一个组成部分的用户界面上都包括四个不同的工作区域。通过 EDEM 软件用户可以建立物料颗粒系统的参数化模型，或导入真实物料颗粒形状的 CAD 模型，通过添加物料颗粒的物理性质、力学性质、颗粒接触模型及其他参数来设置物料颗粒模型并进行分析。其主要特点为：检查由物料颗粒尺度所引起的操作问题；减少对物理原型和试验的需求；获取不易测量的物料颗粒运动的信息；确定物料颗粒流的规律。

2. 试验物料的几何尺寸和比例的确定

本研究的试验物料主要有玉米秸秆、稻秆、玉米面及盐等，在仿真时需要对物料颗粒进行建模，并且需要确定每种物料的加料量，所以在仿真之前必须确定每种物料的几何尺寸和比例。

1）玉米秸秆物料颗粒几何尺寸和比例

玉米秸秆经铡揉粉碎机加工后，按成分主要分为秸秆皮、秸秆穰、秸秆皮穰

（玉米秸秆皮与穰连接在一起，如图 5-21 所示）、秸秆叶（主要指叶鞘）和秸秆
苞叶，为了便于仿真及简化分析，对秸秆物料的不同成分按 4 种规格进行分类。
取 10kg 加工后的秸秆，分成 10 组，每组采用 4 分法取样品 100g，用 19mm、
8mm、5mm 和底盘组成圆形冲孔筛组，利用 SSZ-750 型筛分机振动筛分 5min，然
后对每层筛上物按秸秆皮、秸秆皮穰、秸秆穰、秸秆叶及秸秆苞叶进行分类并称
重，最后针对玉米秸秆不同成分的每层筛上物的 10 组样品数据取平均值，结果
见表 5-1。

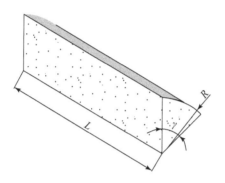

图 5-21　铡揉粉碎机加工后的秸秆皮穰

表 5-1　玉米秸秆不同成分不同规格所占的质量比例 　　（单位：%）

秸秆物料	总比例	底层筛	5mm 筛	8mm 筛	19mm 筛
秸秆皮	26.10	11.31	4.73	10.01	0.05
秸秆皮穰	15.77	3.23	0.92	6.99	4.63
秸秆穰	12.40	1.48	0.71	10.19	0.02
秸秆叶	27.36	1.82	0.70	14.22	10.62
秸秆苞叶	18.37	8.50	1.39	1.80	6.68

通过测量发现经铡揉粉碎机加工后的秸秆皮、秸秆穰、秸秆叶及秸秆苞叶的
外形近似长方体，为了提高仿真速度，秸秆皮、秸秆穰、秸秆叶及秸秆苞叶的外
形尺寸按长方体（$L \times B \times H$）分析，秸秆皮穰截面是半径为 R、圆心角为 θ 的扇
形，秸秆皮穰几何尺寸按 L、R、θ 进行分析。对各层筛上物分别进行外形尺寸测
量然后取平均值，结果见表 5-2。

表5-2　玉米秸秆不同成分不同规格外形尺寸平均值

秸秆物料	底层筛			5mm 筛			8mm 筛			19mm 筛		
	L/mm	B/mm (R/mm)	H/mm $[\theta/(°)]$	L/mm	B/mm (R/mm)	H/mm $[\theta/(°)]$	L/mm	B/mm (R/mm)	H/mm $[\theta/(°)]$	L/mm	B/mm (R/mm)	H/mm $[\theta/(°)]$
秸秆皮	6.6	3.5	1.63	15	6.5	1.63	17.5	13.5	1.63	53	21.5	1.66
秸秆穰	6	3.5	2.0	15	6.5	3	17.5	13.5	6	32	19.5	6.5
秸秆皮穰	6.5	5	60	15	7	60	17.5	13.5	60	48	18	60
秸秆叶	7.9	3.5	1.20	15	6.5	1.20	17.5	13.5	1.20	52	23.5	1.20
秸秆苞叶	7.2	3.5	0.42	15	6.5	0.42	17.5	13.5	0.42	135	23	0.42

2）其他物料颗粒的几何尺寸和比例

本研究中的玉米面取自饲料厂，物料颗粒形状近似球形，平均直径为0.3mm。稻秆采用哈尔滨市香坊农场经割前脱粒收获机收获后的稻秆，用铡刀铡切成段后其形状近似为空心圆柱，其外形平均尺寸为：外径4.5mm、内经4mm、长40mm。盐从中国盐业集团有限公司购买，物料颗粒形状近似球形，平均直径为0.5mm。

3. 物料颗粒模型

为提高计算效率、优化相关物料颗粒的尺寸，用多球面填充的方法来逼近实际的物料形状，以便在可接受的计算时间内达到所需的结果。各物料颗粒按表5-2中的外形尺寸进行填充，填充后的物料模型如图5-22所示。

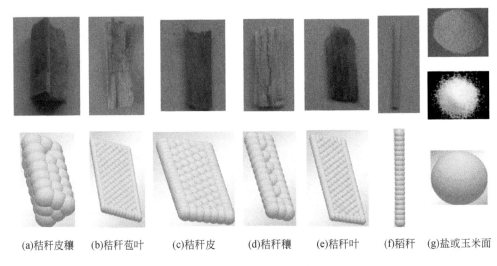

(a)秸秆皮穰　(b)秸秆苞叶　(c)秸秆皮　(d)秸秆穰　(e)秸秆叶　(f)稻秆　(g)盐或玉米面

图 5-22　物料颗粒填充模型

4. 物料颗粒数计算模型

为了仿真精确及结果更接近实际，EDEM 软件在建模时对物料颗粒的数量要精确计算，而全混合日粮中物料颗粒种类及数量很多，计算起来烦琐而且难度大。所以此处根据本研究试验物料的组成及特点建立物料颗粒数计算模型，见式（5-45），此模型可为同行业仿真进行物料颗粒数量计算时提供参考。

$$N = \frac{V_0 \rho K X_i \varphi_0}{\varphi_i V_i} \tag{5-45}$$

式中，N 为物料颗粒的个数；V_0 为混合机的有效容积，此处拨板式全混合日粮混合机有效容积为 0.5m^3；ρ 为充满系数；K 为粗饲料或精饲料占的比例，本试验中粗饲料 $K = 0.7$，精饲料 $K = 0.3$；X_i 为物料颗粒占同类成分的比例，玉米的秸秆皮、秸秆穰、秸秆叶、秸秆苞叶、秸秆皮穰所占质量比例见表 5-1；φ_0 为混合室内物料的总密度；φ_i 为物料颗粒的密度；V_i 为物料颗粒的几何体积，见表 5-2。

5. 几何模型的建立与仿真基本设置

本节根据研制的拨板式全混合日粮混合机的结构和工作原理，利用 SolidWorks 软件绘制拨板式全混合日粮混合机的三维图，存为 .igs 文件后导入 EDEM 软件，并定义几何体属性，主要包括几何体特性和动力学参数。几何模型如图 5-23 所示。

图 5-23　拨板式全混合日粮混合机试验样机仿真模型

参数的设置主要包括以下几点：

（1）设置参数及物理、材料属性，主要包括全局参数、物理属性、重力和相互作用。

（2）定义基本物料颗粒、创建（输入）物料颗粒形状、定义物料颗粒物理特性、力学特性、接触模型及其他相关特性等。

（3）指定仿真区域，仿真区域是进行仿真计算的区域，超出区域范围的物料颗粒将被删除，适当减小仿真区域有利于减少仿真时间。

（4）创建物料颗粒工厂，物料颗粒工厂主要用于定义仿真中物料颗粒产生的数量、位置、仿真时间和方式等。

二、主要因素对混合过程影响的仿真分析

对于离散元法仿真在混合机上的应用较多，如冯俊小等（2015）采用离散元法研究回转筒内秸秆颗粒的运动特性，及滚筒内物料颗粒混合状态；耿凡等（2008a，2008b）采用离散元法直接跟踪球磨机内的每一个物料颗粒，对球磨机中物料颗粒的复杂混合运动进行了数值模拟，并着重探讨了物料颗粒大小、物料颗粒密度及物料颗粒粒度等关键参数对物料颗粒混合运动的影响；李延民等（2014）采用 EDEM 离散元分析方法，模拟混料机筒体倾斜度、搅拌轴位置以及搅拌叶片长度变化对混合效果的影响，为同类混料机的设计改进提供了方法。

上述研究都是针对粉料颗粒混合，并且基本上都是针对两种物料颗粒进行混合。全混合日粮成分过多且形状复杂多样，致使对其进行离散元模拟仿真工作量及难度都很大，所以很少有人对其进行离散元模拟仿真。目前有文献可查的是谢凡（2014）运用 EDEM 软件对全混合日粮建立离散元颗粒的真实模型，对物料运动轨迹和混合均匀度进行仿真分析，但其只是对秸秆和青贮两种物料进行模拟仿真。

本节以拨板式全混合日粮混合机的虚拟样机为几何模型进行模拟仿真，为使仿真结果更接近真实值，按本试验物料成分中实际粗精比添加物料，试验物料特性及几何尺寸和比例按上述分析确定。通过仿真分析得出不同结构及运行参数对混合过程的影响，为后续研究提供参考。

（一）转子转速对物料混合过程的影响

当充满系数为 50%、混合叶板角度为 16°及混合时间为 100s 时，不同转子转速下在混合室内形成的物料流，如图 5-24 所示，图中绿色、红色、深红色、蓝色、白色、黑色、黄色、品红色等分别代表秸秆皮、秸秆叶、秸秆苞叶、秸秆皮穰、秸秆穰、稻秆、玉米面及盐。从图 5-24 可以看出转子转速对混合室内的混合过程影响很大。

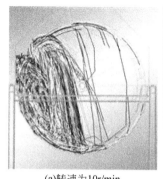  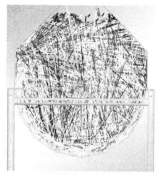

(a)转速为10r/min　　　　(b)转速为30r/min　　　　(c)转速为50r/min

图 5-24　不同转子转速下物料在混合室内形成的物料流

从图 5-24（a）可以看出低速时物料会在混合Ⅱ区向下作近似直线的抛物线运动，物料基本上都集中在混合Ⅰ区、混合Ⅱ区，并且由物料流的轨迹可以看出大部分物料在混合Ⅰ区、混合Ⅱ区作涡流运动，此情况下始终会有部分物料处于涡心，根据资料可知，处于涡心的物料运动相对缓慢甚至静止，混合室内整体对流强度较弱，转子转速过低时不利于物料混合均匀。随着转子转速的增大，物料在混合室内的混合由主要集中在混合Ⅰ区、混合Ⅱ区逐渐过渡为遍布整个混合室。

图 5-24（b）是转子转速为 30r/min 时拨板式全混合日粮混合机内的物料流，从图中的物料流颜色可以看出此时混合室中的物料各成分基本上能均布充满整个混合室，且各区内物料流颜色密度基本一致，说明转子转速为 30r/min 时利于物料混合均匀。

当转子转速过高时如图 5-24（c）所示，物料的运动轨迹几乎呈直线变化，转子转速过高，混合室内的物料会有部分被向上抛起撞击混合机内壁，后被弹向混合室内部，此时混合叶板对物料的作用过强致使对混合室内粒度及质量差异大的物料受混合叶板的作用明显不同，使物料容易离析和分级，说明转子转速为 50r/min 时不利于物料混合均匀。

为清晰观察物料在混合室内的混合状态，将秸秆物料都变为红色显示，黑色为稻秆，黄色为玉米面，蓝色为盐，由于精饲料颗粒较小，为能够清晰显示其混合过程受转速的影响，只将混合Ⅱ区物料的混合情况放大显示，如图 5-25 所示，下面以玉米面的分布来描述物料在混合室内的混合情况。

由图 5-25（a）可知，混合Ⅱ区玉米面的含量很少，说明转子转速过低时混合叶板对物料的作用较弱，玉米面基本都沉积在混合Ⅰ区，且大部分与秸秆处于分离状态。当转子转速为 30r/min 时，由图 5-25（b）可知，此时物料在混合叶板的推动下布满整个混合Ⅱ区，从物料颜色上观察可知，混合Ⅱ区玉米面分布较

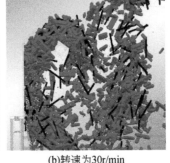

(a)转速为10r/min   (b)转速为30r/min   (c)转速为50r/min

图 5-25   不同转子转速玉米面在混合 II 区的分布情况

多，并且能够较均匀地分布在玉米秸秆中，说明此条件下利于物料混合均匀。当转子转速为 50r/min 时，由图 5-25（c）可知，混合 II 区物料大部分聚集在混合室的边缘，从物料颜色上观察发现此时由于转速过高，玉米面与其他物料出现离析现象，且玉米面与其他物料离析后，有部分玉米面出现聚堆现象，说明转速过高利于物料的离析和分级。

（二）充满系数对物料混合过程的影响

图 5-26 为拨板式全混合日粮混合机在转子转速为 30r/min、混合叶板角度为 16°及混合时间为 100s 时，不同充满系数下物料在混合室内形成的物料流。从图 5-26 可以看出，充满系数对混合室内物料的混合过程影响很大。从图 5-26（a）可以看出，充满系数少时，混合室内的物料流稀疏，物料间相互作用的机会少，不利于物料之间的融合渗透。同时从物料流的颜色分布可以看出，各成分物料流分布相对不均，同等条件下混合质量相对较低。

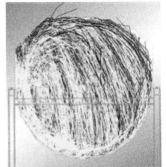

(a)充满系数为30%   (b)充满系数为50%   (c)充满系数为70%

图 5-26   不同充满系数下物料在混合室内形成的物料流

当充满系数过大时，从图 5-26（c）可以看出，由于混合室内物料过多，出现同种物料聚集团转现象，如图 5-26（c）中代表玉米面的黄色物料流在混合室中分布不均，在混合Ⅰ区、混合Ⅱ区聚集较多，说明此条件下不利于物料混合均匀。当充满系数达到 50% 时，从图 5-26（b）中的物料流可以看出，物料在混合室内运动相对稳定，且从各物料的颜色上看，混合室中物料流的分布较均匀，说明充满系数取 50% 左右时利于物料混合均匀。

图 5-27 为转子转速为 30r/min、混合叶板角度为 16° 及混合时间为 120s 时，不同充满系数下玉米面在混合Ⅱ区内的分布情况。由图 5-27（a）可知，当充满系数较小时，精饲料在混合室内分布不均，且精料与粗料之间离析较明显，如图中蓝色的盐。当充满系数较大时，由图 5-27（c）可知，由于混合室内的物料过多，物料在混合室内团转，玉米面在机体边缘出现聚团现象，物料间交叉变位混合较弱。对于相同情况下充满系数为 50% 时，由图 5-27（b）可知，物料能够较均匀地分布在混合Ⅱ区，无团转现象，并且从物料颜色上看，玉米面在其他物料中的分布较均匀。

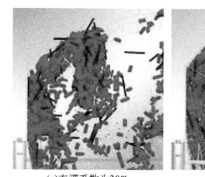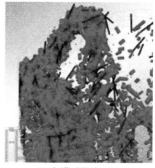

(a)充满系数为30%　　　　　(b)充满系数为50%　　　　　(c)充满系数为70%

图 5-27　不同充满系数下玉米面在混合Ⅱ区的分布情况

本节同时还利用高速摄像技术对充满系数对混合过程的影响进行了研究分析，不同充满系数下物料在混合室内的混合情况如图 5-28 所示。由图 5-28（a）~图 5-28（d）可以看出，随着充满系数的增大混合叶板推动的物料逐渐增多，增大了混合室内物料间相互融合渗透的机会，利于物料的均布过程，当充满系数达到 50% 左右时，物料间更易充分融合，交叉渗透混合剧烈，如图 5-28（d）所示。但是由图 5-28（e）~图 5-28（i）可以看出，当充满系数继续增大（尤其是超过 70%）时，混合室内的剩余空间过少，物料之间很难产生充分的相对运动，物料整体上跟随混合叶板，团转现象明显。

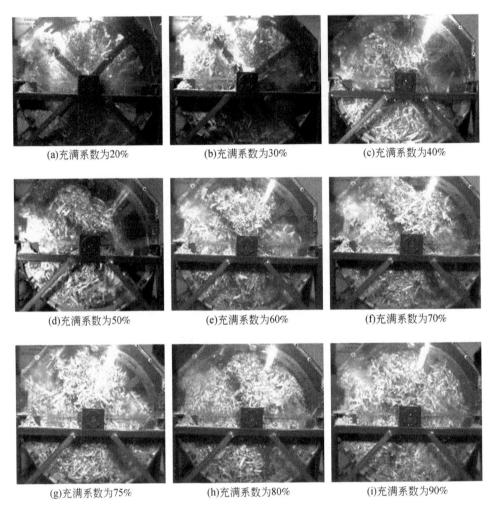

(a)充满系数为20%　　　　　(b)充满系数为30%　　　　　(c)充满系数为40%

(d)充满系数为50%　　　　　(e)充满系数为60%　　　　　(f)充满系数为70%

(g)充满系数为75%　　　　　(h)充满系数为80%　　　　　(i)充满系数为90%

图 5-28　不同充满系数下物料在混合室内的混合情况

图 5-29 为转子转速为 30r/min，混合叶板角度为 16°，充满系数为 80% 时高速摄像拍摄的混合室内物料的运动情况，照片时间间隔为 0.028s。测量此时分别位于混合室 4 个区域的物料颗粒 1、2、3、4 在图 5-29（a）~图 5-29（d）中到转轴的距离为 l_1、l_2、l_3、l_4，具体数值见表 5-3。从表 5-3 可以看出运动过程中在混合室 4 个区域内不同位置的物料距离转轴的距离 l_1、l_2、l_3、l_4 变化很小，即每个区域内的物料近似在作等径圆弧运动，所以混合室内整体上物料在作圆周运动，物料间变位渗透混合较弱，不利于物料混合均匀。可见当充满系数适当时（40% ~ 60%），利于混合室内物料混合均匀。

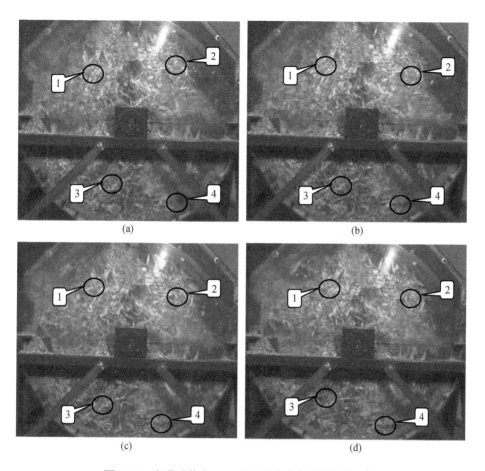

图 5-29　充满系数为 80% 时混合室内物料的混合过程

表 5-3　混合室内物料到转轴的距离

间隔 0.028s	物料到转轴的距离/mm			
	l_1	l_2	l_3	l_4
1	264.455	296.671	305.431	358.925
2	264.732	296.272	305.576	358.867
3	264.321	296.441	305.792	358.977
4	265.001	296.923	305.356	358.562

（三）混合叶板角度对物料混合过程的影响

当转子转速为 30r/min，混合时间为 100s，充满系数为 50% 时，利用 EDEM 软件对拨板式全混合日粮混合机混合过程中的物料流进行仿真，从混合机上部俯视得到混合叶板角度对物料轴向混合运动的影响，如图5-30所示。从图5-30（a）~图5-30（d）可以看出，混合叶板角度对物料的轴向混合运动有较大影响，且混合叶板角度越大物料的轴向运动越明显。为详细分析混合叶板角度对物料混合过程的影响，在上述条件下对物料在混合Ⅱ区内的混合过程进行详细分析。图5-31为不同混合叶板角度下玉米面在混合Ⅱ区的分布情况，为清晰表示被物料遮挡的混合叶板位置，在图中用蓝色线框标出。

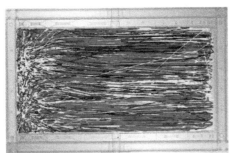
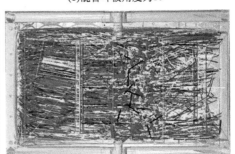

(a)混合叶板角度为0°　　　　　　　　(b)混合叶板角度为10°

(c)混合叶板角度为20°　　　　　　　　(d)混合叶板角度为30°

图5-30　混合叶板对物料轴向作用的仿真

(a)混合叶板角度为0°　　　(b)混合叶板角度为16°　　　(c)混合叶板角度为32°

图5-31　不同混合叶板角度下玉米面在混合Ⅱ区的分布情况

由图5-31（a）和图5-31（b）对比可以看出，当混合叶板推动物料运动到混合Ⅱ区某一位置时，混合叶板角度为16°时较混合叶板为0°时下落的物料流宽且密集，混合运动相对剧烈，这是因为混合叶板角度为16°相对于混合叶板为0°安装时增大了混合叶板对物料的轴向作用，增大了物料在混合室内的轴向对流强度，同时混合叶板角度的增大，运动过程中混合叶板推送的物料相对增多，使下落的物料流相对密集且宽，增大了物料间交叉渗透混合的机会，因此增大混合叶板角度整体上可增大物料在混合室内的混合运动强度，利于物料混合均匀。但是当混合叶板角度过大时如图5-31（c）所示，物料轴向聚集较明显，表明混合叶板对物料的轴向作用过强，但由上述混合机理分析可知，周向运动减弱相对较大，使物料整体在混合室内对流强度减弱，不利于物料混合均匀。以上分析说明混合叶板角度对物料的混合过程影响很大。

以上通过转子转速、充满系数及混合叶板角度对拨板式全混合日粮混合机混合室内物料流及物料混合状态的分析表明，结构及运行参数对拨板式全混合日粮混合机的混合过程影响很大。同时根据相关资料及对仿真过程的观察可知，混合时间对拨板式全混合日粮混合机的混合过程也有影响。

三、拨板式全混合日粮混合机仿真试验

（一）混合均匀度评价模型

本节通过网格划分法实现对混合均匀度评价模型的建立。把计算区域分为8×8×4＝256个网格，每个网格中均要包含一定量的物料颗粒，划分网格后的模型如图5-32所示。若网格太大则定义网格数量太少，不具有统计分析意义；若网格太小则单个网格中包含颗粒过少，无法反映混合物料的离散程度，所以网格的大小要得当。划分网格后，统计每一个网格里各种物料的个数，并进行降序排列。对于每一个网格分别计算每种物料的数量占该网格物料总数量的比例，即实际比例。同时对于每一个仿真算例分别计算每种物料总数量占所有物料总数量的比例，即全局比例，全局比例可以理解为最佳混合均匀度，也就是最理想的混合均匀度。用实际比例除以全局比例即得到每一个网格的实际混合均匀度与最佳混合均匀度的比例，并计算其标准差（称为偏离系数），根据偏离系数来判定实际混合均匀度。偏离系数越大，说明混合均匀度越差。越接近1，说明混合均匀度越好。偏离系数模型如下：

$$S = \sqrt{\frac{1}{n} \sum_{i=1}^{n} \left[\frac{x_i}{X_i} - \overline{\left(\frac{x_i}{X_i}\right)} \right]^2} \tag{5-46}$$

式中，n 为网格数量；x_i 为物料颗粒 i 的实际比例；X_i 为物料颗粒 i 的全局比例。

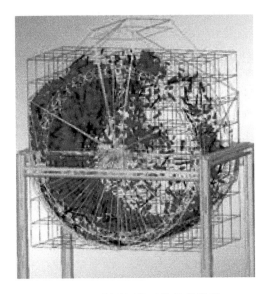

图 5-32 划分网格后的仿真模型

（二）试验设计

根据以上分析，本试验分别选取转子转速、混合叶板角度、充满系数及混合时间 4 个因素进行单因素试验，每个因素取 5 个水平，单因素试验时其他各因素均取中间水平值，以玉米面的偏离系数作为评价指标，各因素的取值范围见表 5-4。

表 5-4 混合模拟试验因素取值

序号	转子转速 $n/(r/min)$	混合时间 T/s	充满系数 $\rho/\%$	混合叶板角度 $\alpha/(°)$
1	20	20	40	10
2	25	40	45	15
3	30	60	50	20
4	35	80	55	25
5	40	100	60	30

（三）试验结果与分析

1. 试验结果

仿真试验结果见表 5-5。

表5-5 仿真试验结果

试验名称	试验因素				偏离系数							
	转子转速/(r/min)	充满系数/%	混合叶板角度/(°)	混合时间/s	秸秆苞叶	稻秆	秸秆皮	秸秆皮穰	秸秆穰	盐	秸秆叶	玉米面
转子转速单因素试验	20	50	20	60	0.877	0.875	0.874	1.135	0.787	0.516	1.04	0.476
	25	50	20	60	0.633	0.724	0.601	0.757	0.709	0.474	0.851	0.453
	30	50	20	60	0.391	0.458	0.368	0.384	0.555	0.221	0.66	0.29
	35	50	20	60	0.387	0.505	0.383	0.647	0.536	0.272	0.684	0.261
	40	50	20	60	0.36	0.57	0.395	0.589	0.598	0.298	0.694	0.353
充满系数单因素试验	30	40	20	60	0.47	0.594	0.451	0.708	0.557	0.278	0.581	0.329
	30	45	20	60	0.487	0.555	0.464	0.664	0.577	0.256	0.664	0.312
	30	50	20	60	0.391	0.458	0.388	0.384	0.555	0.221	0.66	0.29
	30	55	20	60	0.522	0.512	0.457	0.584	0.532	0.271	0.633	0.298
	30	60	20	60	0.519	0.65	0.461	0.507	0.687	0.356	0.801	0.34
混合叶板角度单因素试验	30	50	10	60	0.399	0.646	0.432	0.62	0.606	0.285	0.609	0.315
	30	50	15	60	0.433	0.548	0.409	0.656	0.535	0.286	0.754	0.3
	30	50	20	60	0.391	0.458	0.388	0.384	0.555	0.221	0.66	0.29
	30	50	25	60	0.4	0.606	0.398	0.514	0.595	0.243	0.615	0.313
	30	50	32	60	0.404	0.55	0.405	0.658	0.605	0.286	0.79	0.324
混合时间单因素试验	30	50	20	20	0.507	0.458	0.484	0.4	0.575	0.296	0.697	0.301
	30	50	20	40	0.496	0.432	0.459	0.384	0.563	0.283	0.676	0.299
	30	50	20	60	0.491	0.458	0.388	0.384	0.555	0.221	0.66	0.29
	30	50	20	80	0.452	0.417	0.391	0.361	0.537	0.219	0.653	0.277
	30	50	20	100	0.412	0.317	0.374	0.368	0.522	0.201	0.651	0.267

2. 结果分析

各因素对偏离系数的影响如图5-33所示。从图5-33（a）～图5-33（c）中玉米面的偏离系数可以看出，转子转速、充满系数及混合叶板角度对物料的偏离系数的影响均较大，在试验参数取值，随着上述各试验参数取值的增大，偏离系数均是先下降后上升，且当转子转速在30～32r/min、充满系数在50%～55%及混合叶板角度在16°～20°范围内时，对应的偏离系数均达到最低值。从图5-33（d）中偏离系数曲线可以看出，混合时间对物料混合的偏离系数有影响，偏离系数随着混合时间的增大而减小。但根据实际情况可知，随着混合时间的增加偏离系数不会一直减小，当偏离系数减小到一定范围后若时间再增加则偏离系数增大，具体情况见后续试验验证。本试验结果可为后续试验参数范围的确定及参数优化提供参考。

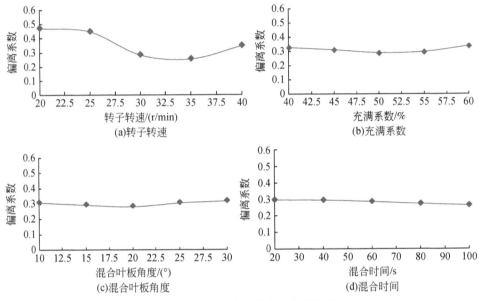

图 5-33　试验因素对偏离系数的影响

（四）混合均匀度模拟检测对比

本试验中物料颗粒的粒度、质量及形状存在很大差异，为了检验本试验中其他物料颗粒作为示踪剂检测混合均匀度的效果，本节对除玉米面外的其他物料颗粒以同样的方法分别计算出其偏离系数，具体数值见表 5-5。试验因素对各物料颗粒偏离系数的影响如图 5-34 所示。

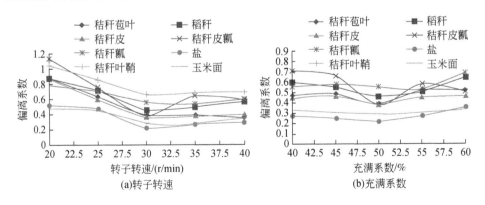

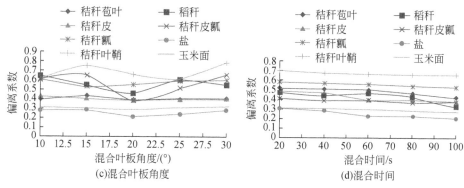

图 5-34 试验因素对各物料颗粒偏离系数的影响

由图 5-34（a）~图 5-34（d）可以看出，转子转速、充满系数及混合叶板角度对各物料颗粒偏离系数均是呈先减小后上升趋势，混合时间（在 100s 内）对各物料偏离系数均是呈下降的趋势，说明每一个试验因素对各物料颗粒偏离系数的影响趋势基本一致。

以试验物料中玉米面的偏离系数作为试验中偏离系数的实际值。从图 5-34 可以看出用粒度较小且接近玉米面粒度的盐作为示踪剂得到的偏离系数较小，且测量值接近玉米面的偏离系数；用粒度较大但质量较小的颗粒作为示踪剂（如秸秆叶、秸秆苞叶、秸秆穰和稻秆）得到的偏离系数较大，与偏离系数的实际值相差较大；用粒度和质量都大的物料作为示踪剂（如秸秆皮穰）得到的偏离系数波动较大，很难真实反映混合均匀度的变化；用粒度适中质量稍大的颗粒（如秸秆皮）作为示踪剂得到的偏离系数与混合均匀度的真实值有一定的差距，但是基本上能够反映偏离系数随各因素的变化。以上分析可为拨板式全混合日粮混合机混合均匀度检测方法的选择提供参考。

第四节　拨板式全混合日粮混合机试验研究

为了对拨板式全混合日粮混合机混合加工性能进行分析，并优化其结构与运行参数，本节以混合均匀度和单位功耗为评价指标对拨板式全混合日粮混合机进行试验研究。

一、仪器设备与试验材料

（一）仪器设备

（1）拨板式全混合日粮混合机试验样机。

（2）9RZ-50 型秸秆铡揉机（黑龙江省农业机械工程科学研究院）。

（3）样品振动筛分机（常德市仪器厂）。

（4）DF-110 型电子分析天平，精度 0.1mg，（常熟衡器工业公司）。

（5）DWF-100 型电动植物粉碎机（河北省黄骅市科研器械厂）。

（6）DHG-9053A 型鼓风烘干箱（上海益恒实验仪器有限公司）。

（7）变频调速控制器（三菱 FR-F740-45K-CHT1 变频器）。

（8）秒表（精度为 0.1s）。

（9）烧杯（容量 150mm、300mm、500mm）、移液管（最大移液量 10mL、20mL）、酸式滴定管（容量 25mL），以上器皿均产于天波玻璃仪器有限公司，滴定台（江都春兰玻璃夹具厂）。

（二）试验材料

本研究中试验材料由玉米秸秆 70%、稻秆 10%、玉米面 19% 及盐 1% 组成（各试验物料质量以干基计）。

玉米秸秆采用东北农业大学香坊农场试验基地收获的秸秆（品种为东农 253），含水率调为 70%。稻秆采用哈尔滨市香坊区收获的稻秆，并用铡切成段，长度为 40~50mm，含水率为 6.1%。玉米面从饲料厂购买，含水率为 9.4%。盐含水率符合《食用盐》（GB 5461—2000）。

本试验研究用到的试剂主要有硝酸银、蒸馏水、10% 铬酸钾溶液等，以上材料均从化学试剂经销商处购买。

二、试验方法

（一）试验因素及其水平的确定

本研究以转子转速、充满系数、混合时间及混合叶板角度为试验因素，采用二次旋转正交组合设计进行试验，试验因素编码见表 5-6。

表 5-6　试验因素水平编码

水平	转子转速 $n/(r/min)$	混合时间 T/min	充满系数 $\rho/\%$	混合叶板角度 $\alpha/(°)$
-2	10	4	30	0
-1	20	7	40	8
0	30	10	50	16
1	40	13	60	24
2	50	16	70	32

（二）评价指标及其测定方法

1. 混合均匀度

根据混合均匀度检测方法，本试验选用摩尔法作为混合均匀度（变异系数）的检测方法。

2. 单位功耗

根据相关资料，拨板式全混合日粮混合机在工作过程中总功耗由混合物料功耗和空载功耗两部分组成，表达式见式（5-47）：

$$P_m = P_b + P_a \tag{5-47}$$

式中，P_m 为总功耗，$kW \cdot h$；P_a 为空载功耗，$kW \cdot h$；P_b 为混合物料功耗，$kW \cdot h$。

则单位功耗可表示为

$$P = \frac{P_b \times T}{60 \times 1000} \times \frac{1000}{m} = \frac{(P_m - P_a)T}{60m} \tag{5-48}$$

式中，P 为混合每 t 物料质量所需要的功耗，$kW \cdot h/t$；T 为混合时间，min；m 为混合室内物料质量，kg。

1）空载功耗

拨板式全混合日粮混合机空载运行的功率消耗 P_a 主要为变频器损耗、电动机损耗、转子空转损耗及其他损耗等，空载功耗通过智能 8 通道应力/扭矩/转速/功率测量仪获取。

2）总功耗

用自行设计的智能 8 通道应力/扭矩/转速/功率测量仪实现整个过程的数据测量和控制工作。本测控系统利用电功率差值法间接测量拨板式全混合日粮混合机混合物料时消耗的电能。电功率差值法具有不受结构限制，抗干扰能力强、可靠性高和通用性强等特点。测量仪器可以同时独立测量 8 组数据，在本试验中，只用其中的一个通道进行测量。

智能 8 通道应力/扭矩/转速/功率测量仪主要由变频器、电流互感器、电力仪表（用于测量功率消耗等数据，其有功功率精度 0.5 级，无功功率精度 1.5级）、微型计算机组成。电力仪表的功能是测量拨板式全混合日粮混合机在工作时的电能消耗，电力仪表采集数据的频率为 16Hz。各接口通信协议采用标准MODBUS-RTU 协议，将拨板式全混合日粮混合机的功耗电信号以固定数据格式通过 485-USB 转换器转换后传送给微型计算机，经微型计算机软件转换成实际数据，实现对拨板式全混合日粮混合机总功耗的实时测量。

三、试验结果与分析

（一）混合加工对混合均匀度影响

1. 试验结果

拨板式全混合日粮混合机混合试验结果见表 5-7。应用 Design-Expert 软件获得变异系数的回归方程模型及其方差分析，分别如式（5-49）及表 5-8 所示。

$$y_1 = 4.17 - 0.73A - 0.7B - 0.67C - 0.56D + 0.55AB + 0.003AC - 0.02AD + 0.52BC +$$
$$0.47BD - 0.04CD + 0.97A^2 + 0.87B^2 + 0.55C^2 + 0.66D^2 \tag{5-49}$$

表 5-7　试验方案及结果

序号	转子转速 A	混合时间 B	充满系数 C	混合叶板角度 D	变异系数 y_1/%	单位功耗 y_2/(kW·h·t^{-1})
1	−1	−1	−1	−1	11.35	3.06
2	1	−1	−1	−1	8.83	17.82
3	−1	1	−1	−1	6.87	5.68
4	1	1	−1	−1	6.55	35.87
5	−1	−1	1	−1	9.05	2.39
6	1	−1	1	−1	6.53	8.75
7	−1	1	1	−1	6.65	4.71
8	1	1	1	−1	6.33	10.95
9	−1	−1	−1	1	9.41	1.68
10	1	−1	−1	1	6.81	5.92
11	−1	1	−1	1	6.81	3.17
12	1	1	−1	1	6.41	16.20
13	−1	−1	1	1	6.95	1.01
14	1	−1	1	1	4.35	4.50
15	−1	1	1	1	6.43	2.09
16	1	1	1	1	6.03	7.54
17	−2	0	0	0	9.50	0.60
18	2	0	0	0	6.58	12.17
19	0	−2	0	0	9.04	0.88
20	0	2	0	0	6.24	5.76
21	0	0	−2	0	7.70	7.33
22	0	0	2	0	5.02	0.68
23	0	0	0	−2	7.92	7.72
24	0	0	0	2	5.68	0.54

序号	转子转速 A	混合时间 B	充满系数 C	混合叶板角度 D	变异系数 y_1/%	单位功耗 y_2/(kW·h·t^{-1})
25	0	0	0	0	4.78	3.46
26	0	0	0	0	4.07	3.03
27	0	0	0	0	4.04	3.17
28	0	0	0	0	4.30	3.29
29	0	0	0	0	3.56	3.21
30	0	0	0	0	4.60	3.31
31	0	0	0	0	4.48	3.35
32	0	0	0	0	3.85	3.43
33	0	0	0	0	4.78	3.38
34	0	0	0	0	4.02	3.34
35	0	0	0	0	4.12	3.24
36	0	0	0	0	3.50	3.20

表 5-8 变异系数回归模型方差分析

项目	均方	F 值	P 值	显著性
模型	9.49	98.756 49	<0.000 1	**
A	12.79	133.152 30	<0.000 1	**
B	11.76	122.433 20	<0.000 1	**
C	10.77	112.163 80	<0.000 1	**
D	7.53	78.357 25	<0.000 1	**
AB	4.84	50.389 17	<0.000 1	**
AC	1.44×10^{-4}	0.001 50	0.969 5	
AD	6.40×10^{-3}	0.066 63	0.798 8	
BC	4.33	45.042 09	<0.000 1	**
BD	3.53	36.796 59	<0.000 1	**
CD	0.026	0.266 52	0.611 1	
A^2	29.88	311.043 30	<0.000 1	**
B^2	24.01	249.993 30	<0.000 1	**
C^2	9.55	99.408 78	<0.000 1	**
D^2	13.78	143.476 40	<0.000 1	**

* 表示显著；** 表示极显著。

由表 5-8 的方差分析可知模型显著，由 Design-Expert 软件可知模型决定系数为 $R^2=0.985$，进一步说明模型拟合程度较好，试验误差小。变异系数的回归方程模型的方差分析中 A、B、C、D、AB、BC、BD、A^2、B^2、C^2、D^2 对变异系数有极显著影响，其他对变异系数的影响不显著。

2. 结果分析

1) 单因素对变异系数的影响

单因素对变异系数的影响规律如图 5-35 所示。由图 5-35 可知，当单个因素分别作用时，随着转子转速、混合时间、充满系数和混合叶板角度的增加，变异系数呈先迅速下降后趋于缓慢上升的变化趋势。这是因为当转子转速取值较低时，随着转子转速的增加，挤压物料层内物料间剪切运动增强，同时在混合Ⅱ区物料被向前抛撒的速度增大，进而对介于混合Ⅱ区和混合Ⅲ区交界处的无底锹托起的物料团冲击大，使剪切运动及下落物料的对流和扩散运动增强，因而，变异系数下降；随着转子转速的继续增加，混合叶板对物料的推送作用增强，同时物料所受的离心力增大，物料在混合室内作抛撒运动，不同组分的物料易出现离析和分级，变异系数上升。在混合时间较少时，随着混合时间的增加，物料在混合室内能够充分地进行对流、剪切和扩散混合，有利于物料间的均布；随着混合时间的继续增加，物料间物理特性差异大，均布后的物料易出现离析和分级，变异系数上升。当充满系数取值较低时，随着充满系数的增加，挤压物料层和无底锹托起的物料团被打破，产生的剪切混合和对流混合更强烈，使混合室内变位渗透混合加剧，同时物料之间相互接触的机会增多，有利于物料各组分之间的相互融合渗透，变异系数下降；随着充满系数的继续增加，在整个混合室内物料间相对运动减少，在混合过程中物料大部分始终跟随混合叶板团转，物料之间对流、扩散运动强度减弱，变异系数上升。当混合叶板角度取值较低时，随着混合叶板角度的增加，混合叶板对物料轴向作用增大，增强了混合叶板对物料的轴向推送能力，进而加剧了物料在混合室三维空间内的对流运动，变异系数下降；随着混合叶板角度的继续增加，混合叶板对物料的周向作用强度减弱较大，混合室内总的剪切、对流（各个区内）和扩散运动减弱，变异系数上升。

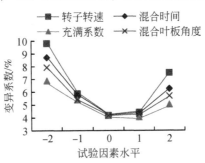

图 5-35　各因素对变异系数的影响

2) 双因素对变异系数的影响

双因素对变异系数的影响规律如图 5-36 所示。由图 5-36 各响应曲面可看出，各因素交互作用对变异系数的影响规律与单因素的分析结果一致，在试验参数范围内转子转速、混合时间、充满系数及混合叶板角度对变异系数的影响均较显著，但相对而言，充满系数稍弱，因此，本节重点对转子转速和混合时间、转子转速和混合叶板角度以及混合叶板角度和混合时间对变异系数的影响规律进行分析。

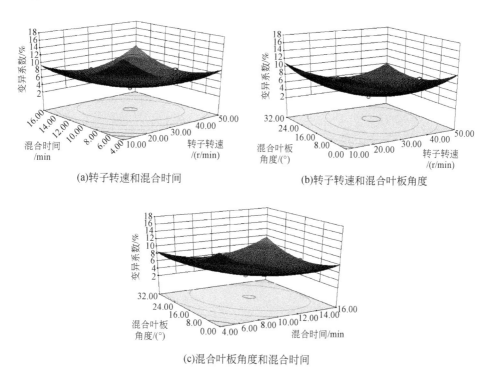

(a)转子转速和混合时间　　　　　　(b)转子转速和混合叶板角度

(c)混合叶板角度和混合时间

图 5-36　变异系数的响应曲面

由图 5-36（a）可知，当混合叶板角度和充满系数固定在零水平时，转子转速和混合时间对变异系数的影响呈凹曲面变化。当转子转速和混合时间都从低水平开始增加时，混合叶板对物料的作用强度增大，混合室内物料间经过充分的剪切、对流和扩散运动，变异系数下降；随着转子转速和混合时间的继续增大，混合叶板对物料的抛撒作用增强，对物料经过长时间抛撒作用后，物料间产生离析和分级，变异系数曲线呈上升的趋势。转子转速和混合时间都取零水平附近值时，变异系数最小。

由图 5-36（b）可知，当充满系数和混合时间固定在零水平时，转子转速和混合叶板角度对变异系数的影响呈凹曲面变化。当转子转速和混合叶板角度都从低水平开始增加时，增强了混合叶板对物料的作用强度和对物料的轴向推送能力，加剧了物料在混合室三维空间的立体混合，变异系数曲线呈迅速下降趋势。当转子转速和混合叶板角度都取高水平时，混合叶板对物料的抛撒作用增强，同时混合叶板对物料的周向作用强度减弱较大，物料经过充分混合后易于分离，变异系数曲线呈上升的趋势。转子转速和混合叶板角度都取零水平附近值时，变异系数最小。

由图 5-36（c）可知，当转子转速和充满系数固定在零水平时，混合叶板角度和混合时间对变异系数的影响呈凹曲面变化。当混合叶板角度和混合时间都从低水平开始增加时，随着混合叶板角度的增大，增强了混合叶板对物料的轴向推送能力，增大了混合室三维空间物料间的对流强度，物料经过一段时间的均布过程，变异系数曲线呈下降的趋势；随着混合叶板角度和混合时间的继续增大，物料混合一段时间后，均布后的物料易产生离析和分级，变异系数曲线呈上升的趋势。混合叶板角度和混合时间都取零水平附近值时，变异系数最小。

3）频数分析

采用频数分析法对试验结果进行优化，确定满足变异系数的因素取值范围。在［-2，2］范围，平均分为 5 个步长时，总计有 $5^4 = 625$ 个组合方案，可求得变异系数（0%～10%）出现的方案个数 324 个（表 5-9）。

表 5-9　变异系数频数分析表（0%～10%）

编码	转子转速		混合时间		充满系数		混合叶板角度	
	次数	频率/%	次数	频率/%	次数	频率/%	次数	频率/%
-2	17	5	31	10	33	10	34	10
-1	73	23	65	20	67	21	70	22
0	95	29	84	26	83	26	83	26
1	91	28	91	28	81	25	81	25
2	48	15	53	16	60	18	56	17
平均编码	0.4		0.49		0.35		0.44	
区间范围	-0.1～0.91		0.08～0.89		-0.2～0.9		0.03～0.85	
95%置信区间	29～39r/min		10～13min		48%～59%		16°～23°	

综合考虑各因素，其优化参数取值范围为：转子转速 29～31r/min，混合时间 10～12min，充满系数 48%～53%，混合叶板角度 16°～26°。

3. 结论

（1）选择影响混合均匀度的 4 个因素进行了二次旋转正交组合试验，应用 Design-Expert 软件对试验结果进行了处理分析，得到变异系数的二次回归方程，经检验方程显著。

（2）在试验参数范围内转子转速、混合时间、充满系数及混合叶板角度对变异系数的影响均较显著，但相对而言转子转速影响稍大。

（3）采用频数分析法对试验结果进行优化，得出当转子转速取 29～31r/min、混合时间取 10～12min、充满系数取 48%～53%、混合叶板角度取 16°～26°时变异系数小于 10%。各因素对变异系数影响程度顺序为：转子转速>混合时间>混合叶板角度>充满系数。

（二）混合加工对单位功耗影响

1. 空载功耗

在拨板式全混合日粮混合机空载情况下，分别记录转子转速在 10～50r/min 范围 5 个不同转速下的空载功耗，测量结果见表 5-10。

表 5-10　拨板式全混合日粮混合机的空载功耗

序号	转速/（r/min）	功率/W
1	10	74
2	20	99
3	30	144
4	40	207
5	50	257

拟合转速和空载功耗之间的曲线，两者之间呈线性关系，如图 5-37 所示。图中截距 14W 可以认为是整个测控系统电路本身的功率消耗。

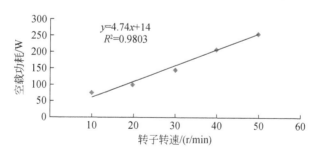

图 5-37　空载情况下功率随转速变化

2. 试验结果

试验结果见表 5-7。应用 Design-Expert 软件获得单位功耗的回归模型及其方差分析，分别如式（5-50）及表 5-11 所示。

$$y_2 = 3.28 + 4.45A + 2.12B - 2.53C - 2.56D + 1.63AB - 2.54AC - 1.96AD - 1.49BC$$
$$- 0.58BD + 1.49CD + 1.4A^2 + 0.63B^2 + 0.8C^2 + 0.84D^2 \qquad (5\text{-}50)$$

表 5-11　单位功耗回归模型的方差分析

项目	均方	F 值	P 值	显著性
Model	92.68	9.34983	< 0.0001	**
A	476.16	48.03821	< 0.0001	**
B	107.62	10.85729	0.0034	**
C	153.70	15.50626	0.0008	**
D	157.48	15.88785	0.0007	**
AB	42.51	4.28872	0.0509	
AC	103.49	10.44116	0.0040	**
AD	61.39	6.19301	0.0213	*
BC	35.46	3.57745	0.0724	
BD	5.43	0.54766	0.4675	
CD	35.43	3.57424	0.0726	
A^2	62.85	6.34078	0.0200	*
B^2	12.86	1.29746	0.2675	
C^2	20.73	2.09173	0.1629	
D^2	22.36	2.25577	0.1480	

＊表示显著；＊＊表示极显著。

由表 5-11 的试验方差分析可知，模型极显著且合适。由 Design-Expert 软件还可得出模型决定系数 $R^2 = 0.91$，进一步说明模型拟合程度较好，试验误差小。

单位功耗的方差分析中，A、C、B、D、AC 有极显著影响，A^2、AD 有显著影响，其余均不显著。由表 5-11 中一次项的 F 值大小可知，各因素对单位功耗的影响顺序为 $A>D>C>B$，说明转速对单位功耗影响最大。

3. 结果分析

1）单因素对单位功耗的影响

为进一步分析各因素对单位功耗的影响规律，将其余三因素固定在零水平上，分别绘制各因素对单位功耗的影响曲线如图 5-38 所示。

由图 5-38 可知，随着转子转速的增大，单位功耗增大，尤其是当转子转速超过 20r/min 时，单位功耗几乎呈直线上升，这是因为随着转子转速的增大，混合叶板对物料的作用强度增大，单位时间内电动机的输出功增多，单位功耗增大。由图 5-38 可以看出混合时间对单位功耗影响较显著，但相对转子转速影响稍弱。随着混合时间的增加，单位功耗呈上升的趋势，这是因为随着混合时间的

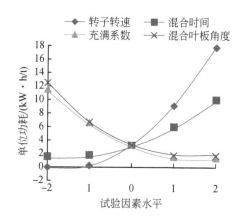

图 5-38　各因素对单位功耗的影响

增大，每吨物料混合的总时间增大，单位功耗增大。充满系数和混合叶板角度对单位功耗的影响接近，随着充满系数和混合叶板角度的增加，单位功耗呈下降的趋势，并且下降幅度较大，这是因为随着充满系数的增大，每吨物料空载功耗相对减少，单位功耗降低；随着混合叶板角度的增大，混合叶板对物料的轴向作用增强，而周向作用减弱较大，物料在混合室内整体运动强度减弱，混合物料所需要的功耗减小，单位功耗降低。

2）双因素对单位功耗的影响

图 5-39 为拨板式全混合日粮混合机工作时单位功耗双因素响应曲面，从图5-39 中可以看出，各因素交互作用对变异系数的影响规律与单因素的分析结果一致，在试验参数范围内转子转速、混合时间、充满系数及混合叶板角度对单位功耗的影响均较显著，但相对而言，转子转速影响最大，因此，本节重点对转子转速和混合时间、转子转速和充满系数以及转子转速和混合叶板角度对单位功耗的影响进行分析。混合时间与混合叶板角度对变异系数的影响规律进行分析。

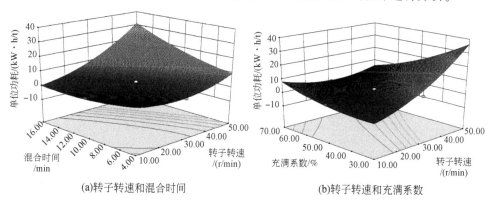

(a)转子转速和混合时间　　　　　　　　(b)转子转速和充满系数

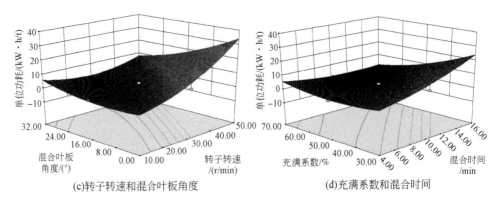

图 5-39　拨板式全混合日粮混合机工作时单位功耗双因素响应曲面

由图 5-39（a）可知，随着转子转速的增大，单位功耗随混合时间的增大而增大，且变化幅度较大，转子转速和混合时间都增大时，每吨物料的总功耗增大，同时混合每吨物料的总时间增加，进而单位功耗增大。且当转子转速为 10r/min、混合时间为 4min 时，单位功耗达到最小值，为 0.538kW·h/t。

由图 5-39（b）可知，当混合叶板角度和混合时间固定在零水平时，转子转速和充满系数对单位功耗的影响类似于马鞍形状。当转子转速增大时，单位功耗随着充满系数的减小而增大，这是因为转速高而混合室内的物料少，混合同一批物料时电动机的输出功相对增大，混合每吨物料的功耗增大。

由图 5-39（c）可知，当充满系数和混合时间固定在零水平时，转子转速和混合叶板角度对单位功耗的影响与图 5-39（b）基本一致，响应曲面类似于马鞍形状。随着转子转速的增大，单位功耗随混合叶板角度的逐渐减小而增大，这是因为混合叶板角度越小，混合叶板作周转的阻力越大，所需要的单位功耗越大。当转速最高且混合叶板角度为 0° 时，单位功耗达到此情况下的最大值，为 34.1kW·h/t，当转速最小且混合叶板角度最大时，单位功耗最小。

3）频数分析

采用频数分析法对试验结果进行优化，确定满足单位功耗的因素参数取值范围。在 [-2, 2] 范围，平均分为 5 个步长时，总计有 $5^4 = 625$ 个组合方案，可求得单位功耗（0~20kW·h/t）出现的方案个数 476 个（表 5-12）。

表 5-12　单位功耗频数分析（0~20kW·h/t）

编码	转子转速		混合时间		充满系数		混合叶板角度	
	次数	频率/%	次数	频率/%	次数	频率/%	次数	频率/%
-2	92	0.193 277	101	0.212 185	60	0.126 05	81	0.170 168

续表

编码	转子转速		混合时间		充满系数		混合叶板角度	
	次数	频率/%	次数	频率/%	次数	频率/%	次数	频率/%
−1	112	0. 235 294	102	0. 214 286	79	0. 165 966	86	0. 180 672
0	111	0. 233 193	91	0. 191 176	104	0. 218 487	101	0. 212 185
1	93	0. 195 378	96	0. 201 681	117	0. 245 798	100	0. 210 084
2	68	0. 142 857	86	0. 180 672	116	0. 243 697	108	0. 226 891
平均编码	−0. 185		−0. 08		0. 324		0. 185	
区间范围	−0. 27 ~ −0. 1		−0. 21 ~ 0. 05		0. 18 ~ 0. 45		0. 01 ~ 0. 27	
95% 置信区间	27 ~ 30r/min		9 ~ 11min		51% ~ 55%		16° ~ 18°	

4. 结论

（1）选择影响单位功耗的 4 个因素进行了二次旋转正交组合试验，应用 Design-Expert 软件对试验结果进行了处理分析，得到关于单位功耗的回归方程，经检验方程显著。

（2）在试验参数范围内转子转速、充满系数、混合时间及混合叶板角度对单位功耗的影响均较显著，其中转子转速影响最大。

（3）采用频数分析法对试验结果进行优化，得出当转子转速取 27 ~ 30r/min、混合时间取 9 ~ 11min、充满系数取 51% ~ 55%、混合叶板角度取 16° ~ 18° 时可获得较低的功耗。各因素对单位功耗的影响程度顺序为：转子转速>混合叶板角度>充满系数>混合时间。

（三）参数优化

基于各评价指标与各因素间数学模型，采用模糊数学中加权综合评分的方法来构造一个关于变异系数、单位功耗的综合评定方程 R，并利用频数分析法得到最优的参数组合。根据上述两个指标的数学模型，优化影响混合的参数。在实际生产当中，高混合均匀度、低能耗是追寻的目标，为了兼顾各评价指标，将指标变换为无量纲参数，其中：

$$y_1 \text{ 追求越小越好 } y_1 = (y_1 - y_{1a})/(y_{1b} - y_{1a}) \tag{5-51}$$

$$y_2 \text{ 追求越小越好 } y_2 = (y_2 - y_{2a})/(y_{2b} - y_{2a}) \tag{5-52}$$

式中，y_{1a} 和 y_{1b} 分别为各评价指标的上限值和下限值，根据各项评价指标的实际情况来确定，见表 5-13。综合评定方程：

表 5-13　各评价指标的上限值和下限值

指标限值	指标	
	$y_1/\%$	$y_2/(\text{kW}\cdot\text{h/t})$
y_{ia}	3.5	0.53
y_{ib}	11.35	35.87
$y_{ib}-y_{ia}$	7.85	35.34

$$R = \sum_{i=1}^{4} \lambda_i y_i' = \lambda_1 \frac{y_1 - y_{1a}}{y_{1b} - y_{1a}} + \lambda_2 \frac{y_2 - y_{2a}}{y_{2b} - y_{2a}}$$

$$= 0.08535\lambda_1 + 0.0778\lambda_2 + (-0.093\lambda_1 + 0.1254\lambda_2)A + (-0.0892\lambda_1 + 0.0597\lambda_2)B$$

$$+ (-0.0853\lambda_1 - 0.0713\lambda_2)C + (-0.0713\lambda_1 - 0.072\lambda_2)D + (0.0701\lambda_1 + 0.0459\lambda_2)AB$$

$$+ (0.00038\lambda_1 - 0.0716\lambda_2)AC + (-0.0025\lambda_1 - 0.0552\lambda_2)AD + (0.0662\lambda_1 - 0.042\lambda_2)BC$$

$$+ (0.0599\lambda_1 - 0.0162\lambda_2)BD + (-0.0051\lambda_1 + 0.024\lambda_2)CD + (0.1236\lambda_1 + 0.0395\lambda_2)A^2$$

$$+ (0.1108\lambda_1 + 0.0177\lambda_2)B^2 + (0.0701\lambda_1 + 0.0225\lambda_2)C^2 + (0.0841\lambda_1 + 0.0237\lambda_2)D^2$$

$$(5-53)$$

其中加权值 λ_1、λ_2、根据实际需要来确定，当 R 最小时对应的因素值即为最优值。本试验重点考虑混合均匀度，所以 λ 的取值侧重于变异系数，进而设定 $\lambda_1 = 2/3$，$\lambda_2 = 1/3$。则根据式（5-53）整理得

$$R = 0.08335 - 0.0202A - 0.0396B - 0.03317C - 0.0236D + 0.06205AB - 0.0236C$$

$$+ (-0.0025\lambda_1 - 0.0201AD + 0.03BC + 0.0345BD + 0.0046CD + 0.0955A^2$$

$$+ 0.0798B^2 + 0.0542C^2 + 0.064D^2$$

$$(5-54)$$

采用频数分析法，在 [−2，2] 范围，平均分为 5 个步长时，总计有 $5^4 = 625$ 个组合方案，分别代入综合评定方程，统计其中 $R \leqslant 20\%$ 的各因素水平的均值作为优化参数值，统计结果见表 5-14，优化参数值见表 5-15。

表 5-14　$R \leqslant 20\%$ 编码表

转子转速	混合时间	充满系数	混合叶板角度	R
−1	1	0	0	0.1772
0	0	−1	0	0.17072
0	0	0	−1	0.17095
0	0	0	0	0.08335
0	0	0	1	0.12375
0	0	1	−1	0.18738

续表

转子转速	混合时间	充满系数	混合叶板角度	R
0	0	1	0	0.104 38
0	0	1	1	0.149 38
0	1	−1	0	0.180 92
0	1	0	−1	0.176 65
0	1	0	0	0.123 55
0	1	0	1	0.198 45
0	1	1	0	0.174 58

应用 Design-Expert 软件分别求得当各参数取表 5-15 中优化参数数值时所对应的单位功耗为 4.02kW·h/t，变异系数为 3.7%。

表 5-15　优化参数值

转子转速/(r/min)	混合时间/min	充满系数/%	混合叶板角度/(°)
30	11	52	16

四、总结

（1）通过混合试验分析可知，转子转速、混合叶板角度、充满系数及混合时间对混合均匀度及单位功耗均有显著影响，其中转子转速对混合均匀度及单位功耗的影响均最显著。

（2）采用频数分析法对试验结果进行优化，当转子转速取 29～31r/min、混合时间取 10～12min、充满系数取 48%～53%、混合叶板角度取 16°～26°时可获得较小变异系数；当转子转速取 27～30r/min、混合时间取 9～11min、充满系数取 51%～55%、混合叶板角度取 16°～18°时可获得较低的功耗。

（3）本研究的拨板式全混合日粮混合机的结构及运行参数范围确定为：转子转速宜取 29～30r/min，混合时间宜取 10～11min，充满系数宜取 51%～53%，混合叶板角度宜取 16°～18°。当同时兼顾低变异系数及低单位功耗时其优化参数值为：转子转速 30r/min、混合时间 11min、充满系数 52%、可调叶板角度 16°。

| 第六章 | 滚筒式全混合日粮混合机研究

　　结合我国反刍动物养殖业的实际需求以及国内外全混合日粮混合机的研究现状，拟对滚筒式全混合日粮混合机进行研究。在研究分析的基础上，提出多棱柱体筒体结构方案的滚筒式全混合日粮混合机。由相关资料可知，全混合日粮混合机的混合过程实际上是对流混合、扩散混合、剪切混合三种运动方式同时并存的，不同结构型式的全混合日粮混合机常以其中的一种混合运动方式为主。考虑到日粮各物料组分的特性及混合加工的要求，在不考虑草捆加工要求的情况下，应以缓柔混合运动过程为主，实现日粮各物料组分的均匀分布混合，提出的滚筒式全混合日粮混合机，以剪切混合、扩散混合为主进行混合作业。

　　为综合、系统地对提出的滚筒式全混合日粮混合机开展混合机理分析与试验研究，需建立一个滚筒式全混合日粮混合机试验平台，并利用其对滚筒式全混合日粮混合机的典型结构机型——具有代表性的无抄板机型（筒体外壳为主要混合工作部件）和有抄板机型（筒体外壳与其内壁安装的抄板为主要混合工作部件）展开研究。在全混合日粮混合机研究中需要充分考虑混合均匀度、物料残留与清理、生产率、能耗等要求，在上述研究基础上，本章拟利用滚筒式全混合日粮混合机试验平台对具有创新结构的组合桨叶的滚筒式全混合日粮混合机开展详细的机理分析与试验研究。

第一节　滚筒式全混合日粮混合机试验平台设计

一、试验平台总体方案

　　为对滚筒式全混合日粮混合机开展综合、系统的研究，同时鉴于对滚筒式全混合日粮混合机功率消耗等尚无较完善的计算公式可参考，设计一个主要由滚筒式全混合日粮混合机试验装置和测试系统等组成的滚筒式全混合日粮混合机试验平台，其中滚筒式全混合日粮混合机试验装置主要由主混合工作机构和辅助系统（包括传动系统）等组成。滚筒式全混合日粮混合机试验平台的组成如图 6-1 所示。

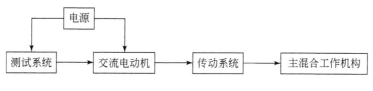

图 6-1　滚筒式全混合日粮混合机试验平台组成

二、试验装置关键结构设计

提出的滚筒式全混合日粮混合机试验装置主要由主混合工作机构和辅助系统等组成。

（一）主混合工作机构

滚筒式全混合日粮混合机的主混合工作机构包括筒体（中心轴线呈水平方向安装）及其内设部件（抄板等）。本节拟在理论分析等方法开展研究的基础上，对主混合工作机构进行结构设计。

1. 筒体

筒体是滚筒式全混合日粮混合机混合过程中对各种物料颗粒起混合作用的主要混合工作部件，其结构型式直接影响全混合日粮混合机的混合性能，而现有相关资料中对筒体结构的研究很少。对筒体及其内物料颗粒进行的理论分析虽然不能定量地说明问题，但是可以定性地分析问题，对确定机器的设计参数具有重要的参考价值。

综合文献资料和大量预试验，将水平滚筒式全混合日粮混合机的筒体（外壳）横截面分为圆形、椭圆形、长方形、正多边形（边数不小于5），并进行如下分析。由于上述结构型式的筒体在旋转半径、宽度相同时，筒体（外壳）横截面为长轴和短轴不等的椭圆形时对应的筒体有效容积较小，即对应的设备有效利用率较小（尤其是在长轴与短轴之间的比例较大时），且加工成本较高、物料颗粒的运动情况受限于长短轴的不对称性，本节不对其展开研究探讨；由预试验可知，筒体（外壳）横截面为长方形时（尤其是在长宽比较大时），由于受90°边界棱角等形状因素的影响，集聚在筒体棱角处物料颗粒的流动比筒体（外壳）横截面为其余正多边形（边数不小于5）时较为不畅，本节亦不对其展开研究探讨。由于圆又是正无限多边形，同时对应结构型式的筒体具有加工制造简单等优点，本节仅对筒体（外壳）横截面为正多边形（边数不小于5）的情况进行分析。

本节在中空正多棱柱的内切圆直径相同、运行条件相同的前提下进行预试验并得出：当中空正多棱柱筒体的棱数不小于 5 且小于 10 时，中空正多棱柱筒体的棱数越少，筒体转动时存在混合死角和物料残留的情况越严重；当中空正多棱柱筒体的棱数为 10 时，混合死角减小，筒体转动时边角处的物料颗粒既容易被带动又容易滚落，进而使筒体在工作过程中黏料较少，这与正十边形符合黄金分割比有关；当中空正多棱柱筒体的棱数大于 10 时，筒体转动时因其内角较大而使其托带物料颗粒的能力下降。因此，为保证中空正多棱柱筒体线速度的匹配，并考虑到实际可行性，确定筒体为中空的正十棱柱，同时由于水平滚筒式全混合日粮混合机的长径比小于 1 时较有利于混合，故根据试验需求将筒体的横截面内切圆直径、宽度分别设计为 806mm、584mm。筒体工作时还受到下落物料颗粒的冲击，在筒体上产生的是交变应力，故筒体的材料选用 Q235 钢。参考相关资料，并根据筒体尺寸，为确保筒体结构能够承受物料颗粒在混合过程中对周向壁板的压力，确定周向壁板厚度为 4mm。

相邻两块周向壁板交界处的物料单元在上部周向壁板和下部周向壁板（根据筒体的旋转方向对相邻两块周向壁板进行定义）的组合作用下，托送上部周向壁板处物料单元随筒体转动，这有利于提升筒体抛落物料颗粒群的高度，进而影响整个混合过程。因此，为了得到较佳的混合效果、有效降低动力消耗，以该相邻两块周向壁板交界处的物料单元为研究对象，对全混合日粮混合机工作时物料颗粒随筒体旋转的转速进行计算分析，并得出临界转速为 53.7r/min，即当筒体转速为 53.7r/min 时，紧贴于筒体内壁的物料颗粒在到达筒体内最高点时不下落，不利于实现物料颗粒的有效抛落，起不到混合物料颗粒的作用。因此，筒体转速应小于 53.7r/min，这样将使得紧贴于筒体内壁的物料颗粒在随筒体旋转过程中到达一定提升高度后及时下落，各物料组分有充分接触的机会，进而有机会取得良好的混合效果。

2. 抄板

本节所研究无抄板的滚筒式全混合日粮混合机的筒体呈水平方向放置，在混合过程中筒体内物料颗粒群主要在垂直平面内回转，且在主轴轴线方向上较少产生物料颗粒相互之间的位置更换，尤其是位于筒体两端的物料颗粒不能得到充分混合。因此，为增强筒体内物料颗粒群在三维空间上的混合运动，拟在滚筒式全混合日粮混合机筒体内壁安装抄板（亦可称为导流板、扬料板），并拟对有抄板的滚筒式全混合日粮混合机的混合机理和混合性能进行研究探讨。

滚筒式全混合日粮混合机筒体内壁安装的抄板是用来提升和抛撒物料颗粒的主要工作部件，常用的抄板结构型式有直板、直角板、弯板，考虑到日粮中秸秆类物料颗粒（属于典型的黏弹性物料，同时具备固体和流体的特性）占较大比例，并结合预试验结果，本节将抄板的结构型式设计成直板。为获得较佳的混合效果，结合筒体尺寸、相关资料及预试验效果，确定抄板个数为10。

滚筒式全混合日粮混合机上抄板的排列方式，直接关系到主轴的平衡、物料颗粒在筒体内的分布和抄板的磨损均匀程度。因此，为进一步探究筒体内布置抄板的方式对筒体内物料颗粒运动形态的影响，分别设置抄板的安装方式为同向布置和对称方向布置，并通过预试验结果可知，当按同向布置方式安装抄板时，筒体内物料颗粒的均布速度较慢，并在筒体两端形成了挤压趋势，影响了筒体内物料颗粒的整体混合。当按对称方向布置方式安装抄板时，筒体内物料颗粒的均布过程得到改善，但筒体内物料颗粒的运动状况不稳定，由此物料颗粒均布状况亦不稳定，这与抄板安装方式的不对称性有关。因此，为将积在端部的物料颗粒不断带起，送入整个大的循环体系里，避免端部堵料现象的发生，进而强化物理机械特性不同的精粗饲料在三维空间上相互变位和渗透，选择在筒体圆周方向上均布抄板，并将筒体内相邻两块抄板按反向布置方式安装（即抄板安装角等值反向，如图6-2所示），此时相邻两块抄板间距约为253mm。综合上述分析、筒体尺寸及相关资料，为探索抄板安装角、抄板高度对该机混合性能的影响，将上述结构参数设置连续可调。

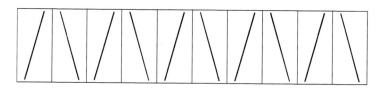

图6-2　筒体内按反向布置方式安装的抄板排列展开示意

（二）辅助系统

滚筒式全混合日粮混合机的辅助系统主要包括减速电动机、主轴、传动系统和机架等。

1. 减速电动机

本节所研究的滚筒式全混合日粮混合机属于具有新型结构的全混合日粮混合机，在选择电动机功率时无相关的资料可直接参考，但本节提出的滚筒式全混合日粮混合机又属于壳体转动式混合机，故可根据文献资料中相似机型消耗的功率进行类比计算，即利用其中壳体转动式混合机消耗功率的近似计算公式：

$$P_z = (0.015 \sim 0.2) V_{ez} F_r \tag{6-1}$$

式中，P_z 为壳体转动式混合机消耗功率，kW；V_{ez} 为壳体转动式混合机有效容积，L；F_r 为弗劳德数，即离心力与重力之比。

其中，弗劳德数 F_r 的计算公式为

$$F_r = \frac{\omega_x^2 R_{max}}{g} = \frac{\pi^2 n_x^2 R_{max}}{900g} \qquad (6\text{-}2)$$

式中，ω_x 为壳体转动式混合机的旋转角速度，rad/s；R_{max} 为最大旋转半径，m；g 为重力加速度，9.8m/s^2；n_x 为壳体转动式混合机的转速，r/min。

对于本节所研究的滚筒式全混合日粮混合机来说，可根据筒体的主要尺寸（横截面内切圆直径为 806mm、宽度为 584mm）和其他结构参数粗略估算出筒体有效容积 V_{ez} 为 0.31m^3，由此可粗略计算出混合机的消耗功率大小。同时，为便于滚筒式全混合日粮混合机的启动、保证经济性和混合效率，需要考虑启动过载系数及安全系数，确定所选择的电动机功率为 4kW。因此，为较好地满足本节设计的滚筒式全混合日粮混合机试验装置对筒体转速的要求，综合考虑上述分析和文献资料，选用 XWD-5 型摆线针轮减速电动机（满载转速为 1440r/min）。

2. 主轴

本节所研究筒体内的物料颗粒运动状况变动较大，为确保主轴能够满足筒体在不同参数组合下工作的强度和刚度，参考相关资料，并根据筒体尺寸，将主轴的材料选为最常用的 45 号钢并作正火处理。由上述分析可知，本节所研究的滚筒式全混合日粮混合机中减速电动机输出的动力是通过主轴传递给筒体的，则主轴既承受扭矩又承受弯矩，主轴的轴径通过以下分析计算确定。

假设在主轴扭转变形计算中，最大扭矩发生在传动侧轴承处。同时，主轴受扭矩和弯矩的联合作用，扭转变形过大会造成主轴的振动，故应将主轴单位长度最大扭转角 γ_z 限定在允许范围内。通常，主轴均应设计成刚性轴，要求具有足够的刚性，对应轴扭矩的刚度条件为

$$\gamma_z = \frac{5836 M_{nmax}}{G_z d_z^4} \times 10^3 \leqslant [\gamma_z] \qquad (6\text{-}3)$$

式中，γ_z 为主轴单位长度最大扭转角，(°)；M_{nmax} 为主轴传递的最大扭矩，$N \cdot m$；G_z 为主轴材料的剪切弹性模量，MPa；d_z 为设计最终确定的主轴轴径，mm；$[\gamma_z]$ 为许用扭转角，对于悬臂梁 $[\gamma_z] = 0.35°/m$。

其中，主轴传递的最大扭矩 M_{nmax} 的计算公式为

$$M_{nmax} = 9553 \frac{P_{ND}}{n_z} \eta_c \qquad (6\text{-}4)$$

式中，P_{ND} 为减速电动机额定功率，kW；n_z 为主轴的转速，r/min；η_c 为传动装置效率。

由式（6-3）和式（6-4）可得出主轴直径 d_z 需要满足的条件为

$$d_z \geqslant 485.919 \left(\frac{P_{ND} \eta_c}{G_z [\gamma_z]} \frac{1}{n_z} \right)^{\frac{1}{4}} \qquad (6\text{-}5)$$

根据文献资料可知，摆线针轮传动型式的效率 $\eta_c > 0.9$。由式（6-5）可知，主轴直径 d_z 需要不小于式（6-5）右侧算式的最大值，则根据式（6-5）右侧算式随各参数变化的规律，同时为保证混合机有一定的混合效率，本节选取 $\eta_c = 1$、主轴转速 $n_z = 1 \text{r/min}$；对于 45 号钢，剪切弹性模量 G_z 为 79.4GPa。综合上述分析，通过式（6-5）可推算出主轴直径 $d_z \geqslant 53.22 \text{mm}$。主轴既要与筒体连接，又要穿过轴承、链轮等零件，因此为保证主轴有足够的刚度，本节将主轴（阶梯轴）最大直径设计为 70mm，同时主轴还应有较高的加工精度和配合公差。与主轴配合的轴承除承受径向载荷外，还应承受筒体所产生的轴向力，故综合考虑各类轴承的特点以及应用场合，本节选用两个 22 212 型单列调心滚子轴承来支承并限制主轴的旋转运动。

3. 传动系统

经对比链传动与带传动等几种机械传动形式的优缺点和适用场合，确定本节设计的滚筒式全混合日粮混合机试验装置选用具有传动过程中无弹性滑动和打滑现象、保持准确的传动比、传动效率高、作用于轴上的径向压力较小、可减小轴和轴承上受力等优点的链传动机构，并由其将减速电动机的动力传递给主轴，进而驱动筒体运转，即链传动由主动链轮、从动链轮和链条组成，其中主动链轮连接减速电动机、从动链轮连接主轴，设 n_h、n_c 和 z_h、z_c 分别为主、从动链轮的转速（单位为 r/min）和链轮齿数，则链速 v_1（单位为 m/s）为

$$v_1 = \frac{n_h z_h p}{60 \times 1000} = \frac{n_c z_c p}{60 \times 1000} \tag{6-6}$$

由此可得出链传动的传动比 i_{12}、从动链轮的转速 n_c 分别为

$$i_{12} = \frac{n_h}{n_c} = \frac{z_c}{z_h} \tag{6-7}$$

$$n_c = \frac{n_h z_h}{z_c} \tag{6-8}$$

根据式（6-6）~式（6-8）、减速电动机的参数及使用需求，确定主动链轮、从动链轮的齿数分别为 36、20，且材料均选为 40 号钢并作淬火、回火处理，并将链条选为传动链条中的套筒滚子链 16A[①]（其节距 p 为 25.4mm）。一般可初选链传动的中心距为（30~50）p，最大中心距为 80p，故根据本节研究全混合日粮混合机的整体结构尺寸，将链传动中心距 a_1 设定为 1220mm。由相关资料可知，在确定链条长度时需要考虑链节数（节距 p 的倍数）为整数这一条件限制，同时为便于安装链条，还需在链条松边有一个合适的安装垂度 $f_1 = (0.01~0.02)$

---

① 滚子链已标准化，有 A、B 两种系列，常用的是 A 系列。

a_1，综合上述分析取下垂度 f_1 为 24mm。

4. 机架

根据本节试验装置总体方案并结合相关资料，将机架设计为较易装配其他零部件的方形体结构。机架的主要横纵梁、附属梁分别采用矩形方钢（管）、角钢制造，同时为在保证机架零件强度或刚度要求的前提下，降低整体重量和加工成本，选择采用布置肋板的方式。为使主轴有足够的支承间距，结合本节筒体及其附件的结构尺寸、选用减速电动机的安装及外形尺寸，确定机架的结构尺寸。

综合上述设计分析结果，为避免出现设计缺陷、缩短产品设计周期，以虚拟样机技术中的 SolidWorks 三维制图设计软件为平台，采用自下向上的建模方法，先建立滚筒式全混合日粮混合机中各零部件的三维模型，并组装成各基本部件（子装配体），再依据零部件相互之间的几何位置关系进行三维总体装配。为验证设计的合理性，对装配模型进行虚拟运动仿真，检验筒体在运转过程中各零部件之间是否存在运动干涉。经检验无装配干涉与运动失真后，将对应整机的三维模型生成二维工程图，并由机械生产制造厂进行加工。为便于观察滚筒式全混合日粮混合机筒体内物料颗粒群的运动情况，将筒体端侧挡板用透明有机玻璃板制作。考虑到后续优化设计研究的需要，将滚筒式全混合日粮混合机试验装置的结构参数设计为可调，可对应构建出无抄板的滚筒式全混合日粮混合机和有抄板的滚筒式全混合日粮混合机（抄板相关尺寸设置为连续可调）。滚筒式全混合日粮混合机试验装置如图 6-3 所示。

图 6-3　滚筒式全混合日粮混合机试验装置

三、测试系统设计

由相关资料可知，全混合日粮混合机除需要满足混合质量要求之外，还应考虑功耗（影响混合加工成本的高低）等因素；当全混合日粮混合机的参数改变时，物料颗粒运动状态、受力特性也相对产生变化，由机械能守恒定律可知，混合过程中机组所消耗的功率也随之变化；全混合日粮混合机内物料颗粒的混合是一个非常复杂而多变的过程，全混合日粮混合机在工作中的功率消耗不能用计算的方式来准确表达，且无法将其与结构特点、质量要求和物料状况等联系在一个算式里，因而本节拟通过试验来求得各种关系。

因此，为完成对滚筒式全混合日粮混合机试验装置运转情况的检测及其功率消耗的测试，基于电功率差值法设计了一套能够实时获取消耗功率的测试系统，其构成与工作流程如图 6-4 所示，该系统的测试原理为：在功率测试仪器（图 6-5）的平台上，利用电力仪表提供的串行异步半双工 RS485 通信接口、采用标准 MODBUS 协议，将电信号（由转矩和转速等物理信号转换）以固定数据格式经由 RS485-USB 型转换器转换后传送给计算机，运用 FTNS 力/扭矩/转速测量系统软件 V1.0 对记录数据进行运算和处理，最终实现对功率消耗的实时检测。其中运用的计算机软件是基于 LabVIEW 编程开发，且建立在仪器驱动程序之上，直接面对操作用户，通过提供直观明了的测试操作界面（图 6-6）、丰富的数据分析与处理功能来完成自动测试任务。为给后续的数据分析奠定基础，将采集到的数据保存为 Excel 表格的形式，具体内容如图 6-7 所示。

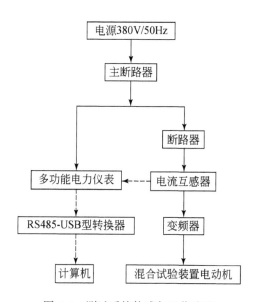

图 6-4　测试系统构成与工作流程

注：实线箭头方向表示电流流向，虚线箭头方向表示信号（数据）流传送方向

图 6-5　功率测试仪器

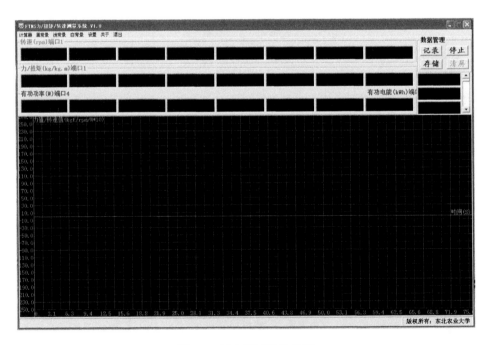

图 6-6　用户测试操作界面

测试编号： clm0
试样描述：
测试人员：
测试单位：
测试地点：
测试时间： 2016-01-09 19:22:49
采样速率： 16点/s　采样间隔： 0.0625s

序 号	通道1/kg	通道2/kg	通道3/kg	通道4/kg	通道5/kg	通道6/kg	电能1/kW·h	电能2/kW·h	电能3/kW·h	电能4/kW·h	变频器功率/kW
1	0	0	0	0	0	0	0	0	0	0	0
2	0	0	0	0	0	0	0	0	0	0	0
3	0	0	0	0	0	0	0	0	0	0	0
4	0	0	0	0	0	0	0	0	0	0	0
5	0	0	0	0	0	0	0	0	0	0	0

图 6-7　数据保存表格中的具体内容

滚筒式全混合日粮混合机在工作中的功率消耗主要包括两部分：①机组空载功耗，亦可称为机组无用功耗，它包括轴承内摩擦和空气对筒体旋转的阻力所消耗的功率，一般占机组负荷功耗的 5% ~7% 或更大，这主要取决于全混合日粮混合机所用的轴承类型、传动方式和筒体重量等因素；②混合的净功耗，亦可称为有效功耗，与筒体结构型式、物料状况、筒体转速等有关。由此可得出滚筒式全混合日粮混合机在工作中的功率消耗的计算公式为

$$W_f = W_j + W_k \tag{6-9}$$

式中，W_f 为机组负荷功耗，即对筒体内物料颗粒进行混合时，维持滚筒式全混合日粮混合机试验装置和测试系统等运行所需的总功耗，J；W_j 为净功耗，主要包括物料颗粒运动时重心上移及克服内摩擦所需的功耗，J；W_k 为机组空载功耗，即机组在空载状态下维持自身运行所需的总功耗，主要包括混合试验装置空载功耗、测试系统损失功耗、传动损失功耗等，J。

由式（6-9）可得出混合作业需要的净功耗为

$$W_j = W_f - W_k \tag{6-10}$$

基于式（6-10）的功率测定方法称为电功率差值法，该方法具有通用性强和可靠性高等优点。式（6-10）中的机组负荷功耗和机组空载功耗均由混合时间、系统测出的功率推导而得，对应的计算公式为

$$W = \sum_{i=1}^{N} P_i \Delta t \tag{6-11}$$

式中，W 为功耗，J；P_i 为第 i 个时间间隔内采集到的瞬时功率，W；Δt 为相邻瞬时功率的时间差，功率测试仪器采样频率为 16Hz，故每个瞬时功率数据的持续时间为 0.0625s；N 为在混合时间内需要采集的次数。

第二节　无抄板的滚筒式全混合日粮混合机研究

无抄板的滚筒式全混合日粮混合机（总体结构如图6-8所示）工作时，筒体内的物料颗粒群因受到筒体的托带力、离心力、物料颗粒相互之间作用力的组合作用而随筒体升起，并在被提升到一定高度后因受重力等作用而滚落，如此反复循环完成混合过程。

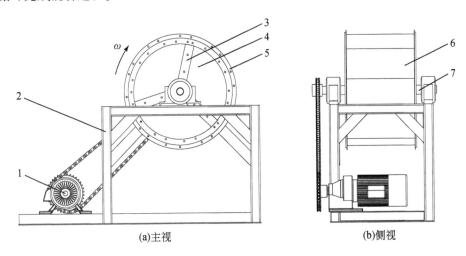

(a)主视　　　　　　　　　　　　　　(b)侧视

图6-8　无抄板的滚筒式全混合日粮混合机总体结构示意

1. 减速电动机　2. 机架　3. 支臂　4. 端侧挡板　5. 环形支撑框　6. 周向壁板　7. 主轴

一、混合过程分析

中空正多棱柱筒体周向壁板上各点的旋转半径不尽相同，根据离心原理可知，筒体周向壁板各点处线速度不尽相同，使得筒体周向壁板上的各处物料颗粒相互之间产生速度差，同时物料颗粒越靠近筒体周向壁板其线速度越大、越靠近主轴其线速度越小，有助于物料颗粒相互之间产生变位和渗透混合运动，进而有助于快速而有效地将物料颗粒混合均匀。筒体转速是滚筒式全混合日粮混合机的一个重要技术参数，决定着物料颗粒群在筒体内的分布情况，筒体转速过低或过高均较难实现物料颗粒相互之间的有效混合。因此，为了得到较佳的混合效果、有效降低动力消耗，需要对无抄板的滚筒式全混合日粮混合机工作时物料颗粒群随筒体旋转的运动情况进行详细的研究分析。

高速摄像技术有很高的时间分辨率，能够捕捉物体在高速运动过程中的一些细微变化和现象。因此，随着计算机技术、光学测量技术和图像处理技术的快速发展，高速摄像技术逐渐在农业机械研究领域上得到广泛应用，并将越来越广泛地应用于深入研究分析混合机内物料颗粒群的混合过程。采用第二章所确定的试验材料，利用高速摄像系统对滚筒式全混合日粮混合机筒体内物料颗粒群的混合过程进行系统观察和研究分析。为使所获得的图像信息能足以用于分析颗粒的运动，同时既能够避免拍摄频率低时信息量不足的缺点又能够克服拍摄频率过高图像太暗的缺点，由预拍摄效果确定拍摄频率为600帧/s。

（一）混合过程中物料颗粒群的区域分布

通过对无抄板的滚筒式全混合日粮混合机的混合过程进行观察分析可知：在不同工况下，筒体内物料颗粒的运动情况存在着一定的差异，对流混合、扩散混合、剪切混合三种运动方式的影响程度也不尽相同，不同物料颗粒群内颗粒相对位置的变化情况及更新料层的快慢程度不同，但随着筒体的旋转，物料颗粒群的宏观运动呈现出周期性的变化规律。为方便讨论，根据无抄板的滚筒式全混合日粮混合机筒体内物料颗粒群的运动变化情况，将筒体内物料运动区域划分为随动区、扰动区、滚落区（图6-9），不同参数组合下各个运动区域的位置、大小、形状不同。

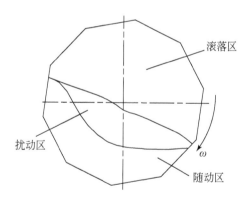

图6-9　无抄板的滚筒式全混合日粮混合机筒体内物料颗粒群运动区域分布示意

1. 随动区

随动区位于筒体的中下部，它是从筒体右下部开始一直到左上部的带状区域，其内物料单元因受重力作用而靠近筒体周向壁板随筒体转动。由于筒体转动时，相邻周向壁板交界处及其附近的物料单元受到重力、离心力、区内周向壁板与物料颗粒之间的托带力等的综合作用而形成较稳定的随动区物料层。在随动区内，筒体为十棱柱结构，该区域内紧邻筒体周向壁板处的物料颗粒群随筒体旋转时各点处的线速度、受力方向和大小均不等，因此简体周向壁板处的物料颗粒的受力情况与运动状态也不同，随动区物料层中的物料颗粒在随动过程中因受其自身重力、外层物料颗粒群的带动作用而会在随动区物料层内部产生相对运动，进而产生较弱的剪切混合过程，继而有助于随动区内物料颗粒群的均匀混合。随动区内物料颗粒群的运动状态主要受物料装载率和简体转速的影响，同时该区域物料层厚度亦受物料装载率和简体转速的影响，尤其受物料装载率的影响较大，简体内的物料装载率越高，随动区越大、扰动区越小、滚落区越小，同时随动区内物料层厚度也越大，物料颗粒相互之间的混合强度越弱，混合效率越低。

2. 扰动区

扰动区位于随动区和滚落区之间，它是经滚落区滚落至随动区上部并随简体旋转运动、内部继续产生相对运动的物料颗粒累积区。在扰动区，物料单元主要受到简体旋转对其产生的离心力、物料颗粒重力、物料颗粒之间的托带力、滚落区物料颗粒对其扰动力（冲击、碰撞等）的组合作用。由于受到不断滚落的物料颗粒群的扰动作用，该区域内物料颗粒群一直存在较弱的剪切混合与扩散混合运动，且物料颗粒相互之间的混合运动过程在扰动区内从上至下逐层减弱，紧贴随动区的物料颗粒群基本保持静止。随物料装载率、简体转速的提高，该区域物料累积形态及物料颗粒群的混合运动方式变化较大。

3. 滚落区

滚落区位于简体的上部，它是无抄板的滚筒式全混合日粮混合机简体内物料颗粒群进行混合的主要区域，区内物料单元主要受重力、离心力、物料颗粒所受的抛送力的组合作用。滚落区内物料颗粒群的剪切混合与扩散混合运动方式较强烈，且滚落区的形状、物料颗粒群的运动状态主要受物料装载率和简体转速的影响，在临界转速范围内，物料装载率的影响更大。

综上所述，无抄板的滚筒式全混合日粮混合机简体不同分区内物料颗粒群的运动规律主要受简体转速、物料装载率的影响。

（二）基于高速摄像技术的混合过程分析

滚筒式全混合日粮混合机进行混合作业时，合理的物料颗粒群运动状态有助于改善其混合效率。因此，本节通过逐帧观察和分析无抄板的滚筒式全混合日粮混合机简体运转平稳后的混合过程影像，进而明确该机简体内物料颗粒群的混合过程。同时，为探究无抄板的滚筒式全混合日粮混合机不同参数组合下物料颗粒群在不同运动区域内的运动规律，将高速摄像系统拍摄的图片中观测物料颗粒群近似简化为质点群。由前述分析可知，无抄板的滚筒式全混合日粮混合机简体内物料颗粒群的运动状态主要受简体转速和物料装载率的影响，本节通过利用高速摄像系统进一步研究分析筒体转速和物料装载率的变化对混合过程的影响。

1. 筒体转速对混合运动的影响

在物料装载率为 25% 的情况下，系统观察分析筒体转速从 5r/min 连续变化到 53r/min 时筒体内物料颗粒群的运动状态，并从所摄影像中分别截取筒体转速为 5r/min、32.5r/min、43r/min、53r/min 时筒体运转平稳后物料颗粒群刚进入滚落区及之后在筒体旋转相同角度时刻的特征状态图像，如图 6-10 所示（图中筒体按顺时针方向旋转）。

结合高速影像与图 6-10 可知，筒体转速从 5r/min 增加到 53r/min 时，物料颗粒群在筒体内开始滚落或抛撒的高度明显增大，抛撒范围随之增大，起始抛撒角度也随之增大。当筒体转速为 5r/min 时，物料颗粒群因所受的离心力、托带力均较小而不能上升到足够的高度，大部分物料颗粒仅堆积在筒体下部，随动区较大、实际扰动区和滚落区均较小（尽管筒体上部空间较大），物料颗粒群以较弱的剪切混合运动方式为主实现变位和渗透混合。当筒体转速从 5r/min 增加到 32.5r/min 时，物料颗粒群因所受的离心力、托带力均增大而使物料颗粒群在筒体内开始滚落的高度增大，随动区较大、实际扰动区和滚落区均增大，物料颗粒群在较小范围内以剪切混合运动方式为主实现变位和渗透混合。当筒体转速为 43r/min 时，物料颗粒群因所受的离心力、托带力、抛送力均较大，物料颗粒群贴附于筒体内壁而被提升到较高的位置后下落，随动区向上延伸、扰动区变小、滚落区增大，物料颗粒群能够在筒体上部较大的空间范围内实现以扩散混合与剪切混合运动方式为主的变位和渗透混合。当筒体转速为 53r/min 时，物料颗粒因所受的离心力、托带力均过大，物料颗粒群料层间不再有相对位移和物料的抛撒下落，此时物料颗粒群形如一整体贴附于筒体内壁上，随着筒体一起旋转而不下落，进而无法实现物料颗粒群的有效混合运动，这与前述所得临界转速 53.7r/min 接近一致。由此可见，为使物料颗粒群有充分的变位和渗透混合，加快物料颗粒群在筒体内的循环混合进程，应选择适宜的筒体转速。

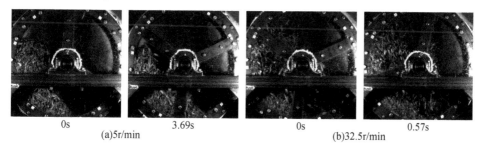

0s   3.69s   0s   0.57s
(a)5r/min   (b)32.5r/min

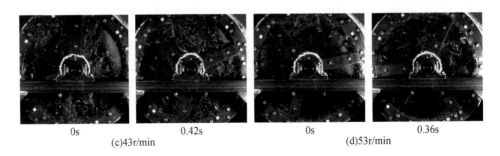

图 6-10　筒体转速对无抄板的滚筒式全混合日粮混合机筒体内物料颗粒群运动状态的影响

2. 物料装载率对混合运动的影响

在筒体转速为 24r/min 的情况下，从物料装载率为 25%、85% 时所摄影像中分别截取物料颗粒群刚进入滚落区及之后在相同时间内的特征状态图像，如图 6-11 所示。

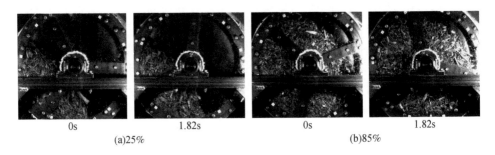

图 6-11　物料装载率对无抄板的滚筒式全混合日粮混合机筒体内物料颗粒群运动状态的影响

结合高速影像与图 6-11 可知，物料装载率从 25% 增加到 85% 时，筒体内物料颗粒群的运动状态有明显的变化。当物料装载率为 25% 时，由于随动区和扰动区内物料较多、滚落区内产生较大滚落运动的物料偏少，此时物料颗粒群以较弱的剪切混合运动方式为主实现变位和渗透混合。当物料装载率为 85% 时，物料颗粒相互之间的内摩擦力较大，物料颗粒群上升高度增大，随动区内伴随筒体运动的物料颗粒群料层厚度增大，滚落区的空间大大减小，受物料颗粒群流动分布空间限制而使物料颗粒群进行混合运动的区域减小，物料颗粒群以物料团的形式运动，物料颗粒群在筒体内三维空间上的混合运动强度较弱，物料颗粒相互之间的变位和渗透混合强度大幅度减小，不利于有效混合。

综上所述，随着筒体转速和物料装载率的变化，无抄板的滚筒式全混合日粮混合机筒体内物料颗粒群的运动状态也相应地产生不同程度的变化。同时，由相关资料可知，物料颗粒群在混合过程中的循环运动次数还受混合时间影响，即随着混合时间的增加，物料颗粒群在筒体内的循环运动次数增加，但混合时间过长，会增大物料颗粒群出现离析和分级的潜在性。

二、混合性能试验研究

为进一步定量分析无抄板的滚筒式全混合日粮混合机的结构参数和运行参数与混合性能之间的相互关系，利用滚筒式全混合日粮混合机试验装置对其进行混合性能试验研究。

（一）仪器设备与试验材料

试验仪器设备包括：无抄板的滚筒式全混合日粮混合机试验装置（总体结构如图 6-8 所示）、测试系统（详见图 6-4）、AR925 型接触式高精度转速表（分辨率 0.1r/min，接触转速测量范围 0.5～19999r/min）、BSA3202S 型电子天平、电子秤、秒表。

分析仪器与试剂包括：大理石滴定台、洗耳球、铬酸钾 ［黄色结晶，参考《化学试剂 铬酸钾》（HG/T 3440—1999）］、0.1mol/L 滴定分析用标准硝酸银溶液 ［《化学试剂 滴定分析（容量分析）用标准溶液的制备》（GB/T 601—1988）］、超纯水 ［《分析实验室用水规格和试验方法》（GB/T 6682—2008）］、25mL 酸式滴定管（分度值 0.1mL）、25mL 量筒（分度值 0.5mL）、1mL 单标线吸量管和 250mL 锥形烧瓶、3000mL 玻璃烧杯和 8mm×330mm 玻璃棒，另外还需要根据《水质 氯化物的测定 硝酸银滴定法》（GB 11896—1989）配制 50g/L 的铬酸钾溶液。

结合相关资料，为力求所用试验日粮既有代表性又能满足研究的需要，本节从各种不同日粮物料组分中选择具有典型代表性的物料组成试验日粮，并依据精粗比 35∶65（以干物质质量比为基础）确定具体组成为 55.0% 不带穗青贮玉米秸秆（简称青贮玉米秸秆）、10.0% 干草、24.5% 玉米面、10.0% 豆粕（GB/T 19541—2004）和 0.5% 盐，上述各物料组分的湿基含水率分别为 70.00%、11.38%、12.35%、11.09% 和 0.50%，其中前两种物料为粗饲料、后三种物料为精饲料，且前三种物料均购于黑龙江省哈尔滨市某奶牛养殖场。

（二）试验方法

1. 试验因素及其水平的确定

由无抄板的滚筒式全混合日粮混合机的结构特点及相关资料可知，对其混合性能产生影响的因素很多，其中全混合日粮混合机参数起主导作用。本节根据上述分析与预试验结果，确定简体转速、物料装载率、混合时间三个主要参数作为试验因素。同时，根据混合机理分析、单因素预试验和生产实际，确定各试验因素的水平取值范围分别为：简体转速 10~40r/min、物料装载率 20%~80%、混合时间 4~20min。其中，简体转速的水平值是先利用变频器调节减速电动机至计算值，再用转速表对其进行校核直至达到设定的水平值；物料装载率的水平值是先根据第二章测得的含水率、几何特征、密度等主要特性参数和无抄板的滚筒式全混合日粮混合机的简体有效容积进行初步估算，再通过预试验对其精确计量。

为保证试验结果的严格可比性、排除非试验因素对试验结果的干扰，除了根据需要对应将试验因素设置为不同水平外，其他所有试验操作条件均保持一致。

2. 评价指标及其测定方法

1）变异系数及其测定方法

参考相关资料，确定选用无量纲量、可用以比较事物相互之间变异度大小的变异系数作为衡量全混合日粮混合机所得混合物均匀程度的评价指标。

在保证试验前备料、调整全混合日粮混合机参数等操作条件一致性的前提下，为保证测定值的稳定性、重复性和可比性，以使得试验结果具有较高的准确度和精确度，在每次混合试验结束后，对抽取样品、测定各个样品中所含检测物料组分的过程中，需要遵循以下基本原则：抽取样品前无任何翻动或混合；要准确地执行各项试验技术、尽量保持操作条件的一致性；尽量使用同一厂家生产的同一批次试剂；必须做到观察记载标准要明确、一致，同一项目或性状的观察记载最好由相同人员完成。因此，为避免系统误差，在每次混合试验结束后，选择采用四分法中的对角线采样路线（图6-12）从被检验料堆中采取 20 个 100g 的小样，并使每个样品基本可以代表料堆不同位置处混合的实际情况。

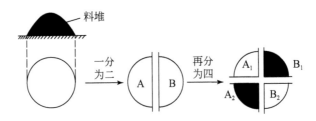

图6-12　四分法采样方式示意

测定饲料混合均匀程度的方法很多，结合相关研究结果，选用试验日粮中的盐为示踪物，并采用摩尔法对各个样品中的氯离子含量进行测定，确定出具体操作步骤为：将准确称取的 100g 样品放入 3000mL 玻璃烧杯中，再加入 1000mL 一级水，用玻璃棒搅拌 20min，静置 20min，量取上清液 25mL，另取 25mL 一级水，将上述 25mL 上清液和 25mL 一级水均放入同一 250mL 锥形烧瓶中。借助 1mL 单标线吸量管和洗耳球取 1mL 的 50g/L 的铬酸钾溶液置于上述 250mL 锥形烧瓶中。借助大理石滴定台和 25mL 酸式滴定管用 0.1mol/L 标准硝酸银溶液对上述 250mL 锥形烧瓶中的混合溶液进行滴定，在剧烈摇动锥形烧瓶的情况下，直至出现砖红色沉淀，并在 30s 内不褪色即为终点，同时记录滴定始末滴定管中标准硝酸银溶液的体积。摩尔法测定现场如图 6-13 所示。

图 6-13　摩尔法测定现场

在测定各个样品中氯离子含量时，所加试剂中杂质多少、仪器可靠性、环境干扰及操作过程中的沾污情况等因素均影响测定结果。因此，为校验指示剂空白值、提高分析结果的准确度，在对各个样品中氯离子含量进行测定的同时，需要另取 50mL 一级水置于另一 250mL 锥形烧瓶中进行空白试验，所加试剂和操作步骤与测定上述样品中氯离子含量时的情况完全相同。

根据上述操作步骤分别对每个样品中的氯离子含量和空白试验进行 5 次平行测定，统计分析出每个试样和空白试验消耗标准硝酸银溶液的体积，并以此得出每个样品中氯离子的质量浓度 C （单位为 g/L） 的计算公式为

$$C = \frac{(V_2 - V_1) \times M_{Cl} \times C_B}{V_S} \tag{6-12}$$

式中，V_1 为空白试验消耗标准硝酸银溶液的体积，mL；V_2 为试样消耗标准硝酸银溶液的体积，mL；M_{Cl} 为氯离子的摩尔质量，大小为 35.5g/mol；C_B 为标准硝酸银溶液物质的量浓度，大小为 0.1mol/L；V_S 为量取的试样体积，大小为 25mL。

通过上述计算与分析，得到每次试验所取 20 个试样中氯离子的质量浓度分别为 C_n （单位为 g/L；$n = 1$，2，3，…，20），由此得出对应的算术平均值 $\overline{C}$（单位为 g/L）、标准差 S_C（单位为 g/L）、变异系数 C_V（单位为%）的计算公式

分别为

$$\overline{C} = \frac{C_1 + C_2 + C_3 + \cdots + C_{20}}{20} \qquad (6\text{-}13)$$

$$S_C = \sqrt{\frac{(C_1 - \overline{C})^2 + (C_2 - \overline{C})^2 + (C_3 - \overline{C})^2 + \cdots + (C_{20} - \overline{C})^2}{19}} \qquad (6\text{-}14)$$

$$C_V = \frac{S_C}{\overline{C}} \times 100\% \qquad (6\text{-}15)$$

对于反刍动物养殖业中使用的日粮来说，当变异系数小于 10% 时，表示混合质量较好；当变异系数大于 10% 且小于 20% 时，表示混合质量可以接受但仍需要改进。

2）净功耗及其测定方法

为研究无抄板的滚筒式全混合日粮混合机所需的功耗，并使研究结果更具有可比性和研究意义，参考相关资料，选用对筒体内物料颗粒进行混合作业时所需的净功耗作为评价指标，并利用前述测试系统、计算方法对其进行测定。

由预试验结果及相关资料可知，在混合时间一定时，机组空载功耗主要受机组空载功率的影响，而机组空载功率又主要受筒体转速的影响，故利用测试系统检测五个不同筒体转速取值（在 10~40r/min 范围选取）对应的机组空载功率，统计分析结果见表 6-1。

表6-1 无抄板的滚筒式全混合日粮混合机不同筒体转速对应的机组空载功率

项目	1	2	3	4	5
筒体转速/（r/min）	10.0	16.1	25.0	33.9	40.0
机组空载功率/W	65.133	69.174	79.438	98.647	120.195

注：五个不同筒体分别用 1~5 表示。

运用 MATLAB 拟合工具箱对表 6-1 中的数据进行回归分析及曲线拟合，得到机组空载功率 P_{kw}（单位为 W）与筒体转速 n_1（单位为 r/min）之间的拟合方程，如式（6-16）所示：

$$P_{kw} = 1.789n_1 + 41.802 \quad (R^2 = 0.9315) \qquad (6\text{-}16)$$

由式（6-16）的决定系数可知，拟合方程整体的拟合度较好，故能用于表达无抄板的滚筒式全混合日粮混合机对应机组空载功率与筒体转速之间的总体关系；由式（6-16）可直观地看出，随着筒体转速的增大，机组空载功率逐渐增大。这是因为混合过程中机械阻力和轴承摩擦消耗功率均随筒体转速的增大而增大，进而使机组空载功率增大。因此，设计无抄板的滚筒式全混合日粮混合机时，应在满足变异系数要求的前提下，尽可能减小机组空载功率。

3. 试验设计方案

为定量分析无抄板的滚筒式全混合日粮混合机的组成结构中各要素的内在工作方式以及诸因素在一定条件下相互联系、相互作用的运行规则和原理,需要先选择合理的试验设计方案。同时,为使试验结果能够全面、较好地反映各因素水平间的差异,需要根据各试验因素的特点来确定各因素的水平数。

因此,结合上述分析并综合考虑不同试验设计方法的特点与适用场合,同时考虑实施试验时具体的工作量,确定采用三因素五水平的二次回归正交旋转组合试验方法来安排试验,定量分析简体转速 n_1、物料装载率 L_{r1} 和混合时间 T_1 对变异系数 V_1、净功耗 V_2 的影响。该试验设计方法具有试验次数少、避免回归系数之间的相关性、旋转性(各组合处理的预测值的方差几乎相等)等优点。对应的试验因素编码见表6-2。

表6-2 无抄板的滚筒式全混合日粮混合机对应的试验因素编码

编码	$n_1/(r/min)$	$L_{r1}/\%$	T_1/min
上星号臂(1.682)	40.0	80.0	20.0
上水平(1)	33.9	67.8	16.8
零水平(0)	25.0	50.0	12.0
下水平(−1)	16.1	32.2	7.2
下星号臂(−1.682)	10.0	20.0	4.0

试验设计方案见表6-3,表中 B_1、B_2、B_3 分别表示简体转速、物料装载率、混合时间的编码值,即 $B_j(j=1,2,3)$ 为各试验因素对应的规范变量。表6-3中各试验因素均取零水平的中心点试验重复9次。

表6-3 无抄板的滚筒式全混合日粮混合机对应的试验设计方案与结果

序号	B_1	B_2	B_3	$V_1/\%$	V_2/kJ
1	1	1	1	8.99	85.54
2	1	1	−1	11.85	58.07
3	1	−1	1	12.81	65.38
4	1	−1	−1	14.29	30.72
5	−1	1	1	10.69	46.52
6	−1	1	−1	13.56	29.86
7	−1	−1	1	13.81	38.99
8	−1	−1	−1	15.14	17.70

续表

序号	B_1	B_2	B_3	$V_1/\%$	V_2/kJ
9	1.682	0	0	6.09	66.18
10	−1.682	0	0	8.29	28.04
11	0	1.682	0	14.19	62.09
12	0	−1.682	0	18.54	27.13
13	0	0	1.682	13.16	60.62
14	0	0	−1.682	16	10.62
15	0	0	0	5.97	39.95
16	0	0	0	5.67	44.28
17	0	0	0	5.87	45.98
18	0	0	0	6.36	39.93
19	0	0	0	6.13	41.26
20	0	0	0	5.47	40.93
21	0	0	0	5.57	41.13
22	0	0	0	6.11	45.24
23	0	0	0	5.87	37.62

(三) 试验结果与分析

1. 试验结果

本试验设计方案中各试验因素的编码值与实际值之间的对应关系见表 6-2。试验误差影响研究结果的正确性和可靠性，故实施试验时应尽可能降低试验误差，将试验设计方案中每组试验均重复 5 次，取其平均值作为试验结果，见表6-3。

2. 回归分析

为正确估计试验误差、得到可靠的研究结果，运用 Design-Expert 软件对表6-3 中试验数据进行分析，建立各试验因素的编码值对变异系数 V_1、净功耗 V_2 影响的回归模型：

$$V_1 = 5.90 - 0.66B_1 - 1.34B_2 - 0.98B_3 + 0.36B_1^2 + 3.60B_2^2 + 2.97B_3^2 - 0.19B_1B_2$$
$$-0.02B_1B_3 - 0.36B_2B_3 \tag{6-17}$$

$$V_2 = 41.72 + 12.51B_1 + 9.23B_2 + 13.49B_3 + 2.73B_1^2 + 1.84B_2^2 - 1.34B_3^2 + 3.48B_1B_2$$
$$+3.02B_1B_3 - 1.48B_2B_3 \tag{6-18}$$

在多因素试验中，各试验因素之间有时能联合起来起到交互作用，故式

（6-17）和式（6-18）中均包含各试验因素相互之间的交互项，如 B_1B_2 表示筒体转速和物料装载率的交互项；上述回归模型中，B_1^2、B_2^2、B_3^2 分别表示筒体转速的平方项、物料装载率的平方项、混合时间的平方项，同时为简练起见，本节后续部分内容直接用上述符号表示对应的交互项或平方项。

为研究和分析各试验因素对变异系数 V_1、净功耗 V_2 的影响程度，运用 Design-Expert 软件分别对式（6-17）和式（6-18）进行方差分析，结果分别见表 6-4 和表 6-5 中各自斜线左侧数据。

表 6-4　变异系数 V_1 方差分析

变异来源	平方和	自由度	均方	F 值	p 值
模型	390.52/390.21	9/7	43.39/55.74	353.81/439.87	<0.0001/<0.0001
B_1	5.88/5.88	1/1	5.88/5.88	47.93/46.38	<0.0001/<0.0001
B_2	24.46/24.46	1/1	24.46/24.46	199.42/192.98	<0.0001/<0.0001
B_3	12.98/12.98	1/1	12.98/12.98	105.87/102.45	<0.0001/<0.0001
B_1B_2	0.30/	1/	0.30/	2.48/	0.1393/
B_1B_3	2.45×10^{-3}/	1/	2.45×10^{-3}/	0.02/	0.8898/
B_2B_3	1.07/1.07	1/1	1.07/1.07	8.69/8.41	0.0113/0.0110
B_1^2	2.05/2.05	1/1	2.05/2.05	16.71/16.17	0.0013/0.0011
B_2^2	206.26/206.26	1/1	206.26/206.26	1681.86/1627.57	<0.0001/<0.0001
B_3^2	140.33/140.33	1/1	140.33/140.33	1144.27/1107.33	<0.0001/<0.0001
残差	1.59/1.90	13/15	0.12/0.13		
失拟	0.93/1.24	5/7	0.19/0.18	2.26/2.14	0.1464/0.1538
纯误差	0.66/0.66	8/8	0.083/0.083		
总和	392.11/392.11	22/22			

注：斜线左侧数据为首次计算后的方差分析结果，斜线右侧数据为逐个剔除最不显著回归项并经多次重新计算后的方差分析结果，最不显著回归项对应斜线右侧无数据；$p<0.01$，极显著；$0.01<p<0.05$，显著；$0.05<p<0.1$，较显著；$p>0.1$，不显著。

表 6-5　净功耗 V_2 方差分析

变异来源	平方和	自由度	均方	F 值	p 值
模型	6169.59/6123.73	9/7	685.51/874.82	55.39/63.47	<0.0001/<0.0001
B_1	2135.71/2135.71	1/1	2135.71/2135.71	172.56/154.94	<0.0001/<0.0001
B_2	1162.41/1162.41	1/1	1162.41/1162.41	93.92/84.33	<0.0001/<0.0001
B_3	2483.62/2483.62	1/1	2483.62/2483.62	200.67/180.18	<0.0001/<0.0001

续表

变异来源	平方和	自由度	均方	F 值	p 值
B_1B_2	96.74/96.74	1/1	96.74/96.74	7.82/7.02	0.0152/0.0182
B_1B_3	73.08/73.08	1/1	73.08/73.08	5.91/5.30	0.0303/0.0360
B_2B_3	17.46/	1/	17.46/	1.41/	0.2561/
B_1^2	118.02/118.83	1/1	118.02/118.83	9.54/8.62	0.0086/0.0102
B_2^2	53.88/54.43	1/1	53.88/54.43	4.35/3.95	0.0572/0.0655
B_3^2	28.40/	1/	28.40/	2.29/	0.1537/
残差	160.90/206.76	13/15	12.38/13.78		
失拟	99.55/145.42	5/7	19.91/20.77	2.60/2.71	0.1108/0.1109
纯误差	61.34/61.34	8/8	7.67/7.67		
总和	6330.49/6330.49	22/22			

由表 6-4 和表 6-5 中各自斜线左侧数据可知，两项评价指标的失拟项均不显著、回归模型均极显著（$p<0.0001$），表明无抄板的滚筒式全混合日粮混合机试验设计方案正确且各评价指标与各试验因素之间存在着模型确定的关系；对于变异系数 V_1，筒体转速 B_1、物料装载率 B_2、混合时间 B_3、B_1^2、B_2^2、B_3^2 极显著，B_2B_3 显著，B_1B_2、B_1B_3 不显著；对于净功耗 V_2，B_1、B_2、B_3、B_1^2 极显著，B_2^2 较显著，B_1B_2、B_1B_3 显著，B_2B_3、B_3^2 不显著；这说明拟合的回归模型［式（6-17）和式（6-18）］有待改进，应该将回归模型缩减，因此应逐个剔除最不显著回归系数所对应的变量，并将其平方和和自由度并入误差项再重新拟合回归模型。在分别保证变异系数 V_1、净功耗 V_2 回归模型均极显著、失拟项均不显著的基础上，经多次重新计算后，得出相应的各试验因素编码值对变异系数 V_1、净功耗 V_2 影响的简化回归模型［式（6-19）和式（6-20）］和方差分析结果（表 6-4 和表 6-5 中各自斜线右侧数据）。

$$V_1 = 5.90 - 0.66B_1 - 1.34B_2 - 0.98B_3 + 0.36B_1^2 + 3.60B_2^2 + 2.97B_3^2 - 0.36B_2B_3$$

(6-19)

$$V_2 = 40.92 + 12.51B_1 + 9.23B_2 + 13.49B_3 + 2.73B_1^2 + 1.85B_2^2 + 3.48B_1B_2 + 3.02B_1B_3$$

(6-20)

由 Design-Expert 软件获得式（6-19）和式（6-20）的决定系数分别为 0.9952 和 0.9673，说明上述简化回归模型和试验结果拟合程度较好，试验误差较小，可在试验范围内用于预测无抄板的滚筒式全混合日粮混合机变异系数 V_1、净功耗 V_2 的变化情况。

3. 试验因素对评价指标的影响主次分析

为了分析无抄板的滚筒式全混合日粮混合机筒体转速 B_1、物料装载率 B_2 和混合时间 B_3 对评价指标的影响大小，从而找出主要因素、抓住主要矛盾，需要根据经多次重新计算后的方差分析中各回归项对应的 F 值大小进行判定。

经分别对比表 6-4 和表 6-5 中各自斜线右侧数据对应各回归项 F 值大小可知：各试验因素对变异系数 V_1 的影响由大到小依次为物料装载率 B_2、混合时间 B_3、筒体转速 B_1，其余显著回归项中的交互项和平方项对变异系数 V_1 的影响由大到小依次为 B_2^2、B_3^2、B_1^2、B_2B_3；各试验因素对净功耗 V_2 的影响由大到小依次为混合时间 B_3、筒体转速 B_1、物料装载率 B_2，其余显著回归项中的交互项和平方项对净功耗 V_2 的影响由大到小依次为 B_1^2、B_1B_2、B_1B_3、B_2^2。

4. 试验因素对评价指标的影响效应分析

为了更直观地分析无抄板的滚筒式全混合日粮混合机筒体转速、物料装载率和混合时间与各评价指标之间的立体关系，根据各试验因素的编码值与实际值之间存在的转换关系，将式（6-19）和式（6-20）转换成各试验因素的实际值对各评价指标影响的简化回归模型，并据此运用 MATLAB 软件绘制出对应的四维切片，结果如图 6-14 所示。

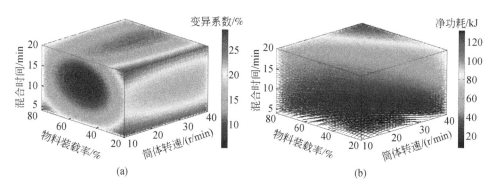

图 6-14　筒体转速、物料装载率和混合时间对评价指标影响的四维切片

通过观察图 6-14（a）中颜色分布规律可知：物料装载率和混合时间对变异系数的影响大于筒体转速对变异系数的影响，这与上述得出的各试验因素对变异系数影响的主次顺序相一致；变异系数变大的区域主要集中在物料装载率和混合时间取各自变化区间左右端点的值处。这是因为在试验范围内，当物料装载率取值较小时，因物料颗粒下落的高度落差变大（冲击与碰撞较大），使因表面化学性质而黏附在一起但物理特性差异大的物料颗粒产生离析。在试验范围内，当物料装载率取值较大时，物料颗粒堆积现象比较明显，物料颗粒因在全混合日粮混

合机中没有得到充分混合，加上相互之间融合不足而使变异系数受到影响。在混合过程中，物料颗粒的混合与离析是同时进行的，当两者作用达到某一平衡状态，即"动力学均衡"时，混合程度即可确定，进一步混合将使混合质量变差。

通过观察图6-14（b）中颜色分布规律可知：净功耗变大的区域主要集中在同时满足筒体转速、物料装载率和混合时间取值均较大时；在试验范围内，当物料装载率和混合时间取值一定时，净功耗均随着筒体转速的增加而增大；在试验范围内，当物料装载率和筒体转速取值一定时，净功耗均随着混合时间的增加而增大。这是因为在试验范围内，当物料装载率和混合时间取值一定时，随着筒体转速的增加，物料颗粒运动剧烈程度相对增大，物料颗粒失去平衡的概率增大，需要更大的扭矩来支撑，所需的净功耗增大。在试验范围内，当物料装载率和筒体转速取值一定时，随着混合时间的增加，物料颗粒群在筒体周向和轴向上的循环运动次数增加，势必使净功耗增大。

5. 参数优化与试验验证

由上述分析可知，无抄板的滚筒式全混合日粮混合机的各试验因素对各评价指标的影响各不相同，为获得最佳参数组合方案以充分发挥全混合日粮混合机的作用，需要对各评价指标的简化回归模型进行有约束多目标优化求解。

变异系数 C_V 是衡量全混合日粮混合机混合性能优劣的主要评价指标，根据日粮混合要求，期望优化结果满足 $C_V \leq 10\%$。适宜的物料装载状况是全混合日粮混合机正常工作并且得到预期效果的前提条件，若物料装载率过大，一方面会使全混合日粮混合机超负荷工作，另一方面会影响筒体内物料颗粒群的混合过程，进而造成混合质量下降；若物料装载率过小，不仅不能充分发挥全混合日粮混合机的效率，还会影响混合质量。因此，为保证全混合日粮混合机正常工作、提高设备有效利用率（即在满足变异系数要求的前提下，尽可能采用较大的物料装载率）、降低运行成本，将物料装载率的取值范围设定为 50%～80%。最佳混合时间的确定是在各种物料组分加入全混合日粮混合机后，混合物料达到最小变异系数所需的最短混合时间，与此同时还应力求降低动力消耗。在上述分析的基础上，以筒体转速 10～40r/min、混合时间 4～20min 为约束条件，以评价指标的简化回归模型为目标函数，以评价指标最小为优化目标，建立非线性规划的数学模型，并运用 Design-Expert 软件的优化模块对其进行优化求解，最终从多个参数优化结果中选取最佳参数组合方案为筒体转速 22.02r/min、物料装载率 51.42%、混合时间 11.98min，此时对应的变异系数、净功耗预测值分别为 6.09%、38.45kJ。

为检验简化回归模型与最佳参数组合方案的可靠性，对上述最佳参数组合方案进行试验验证。但考虑到无抄板的滚筒式全混合日粮混合机在实际工况下试验因素水平值的可操作性，将上述最佳参数组合方案圆整为筒体转速 22r/min、物料装载率51%、混合时间12min，在此优化方案下进行试验验证，重复5次，结果取其平均值，得出此时变异系数、净功耗分别为5.86%、39.75kJ。通过对比分析上述圆整后的最佳参数组合方案对应的各评价指标实测值与由简化回归模型得出的预测值（6.10%、38.28kJ）可知，两者基本吻合，这说明简化回归模型与圆整后的最佳参数组合方案均是可靠的。

第三节 有抄板的滚筒式全混合日粮混合机研究

由上述研究分析内容可知，无抄板的滚筒式全混合日粮混合机的混合质量虽然能满足日粮混合的基本要求，但混合效率较低，这与其筒体内物料颗粒群的混合运动方式主要以较弱的剪切混合与扩散混合为主有直接的关系。为弥补上述不足，本节针对有抄板的滚筒式全混合日粮混合机（筒体内壁安装的抄板反向布置）进行研究分析，以期在增强物料颗粒群剪切混合与扩散混合运动的同时，增大轴向对流混合运动强度。

有抄板的滚筒式全混合日粮混合机（总体结构如图6-15所示）的工作原理为：筒体旋转时，在抄板对物料颗粒的托带力、物料颗粒所受的离心力、物料颗粒相互之间的摩擦力等综合作用下，筒体底部的物料颗粒将随筒体的旋转而向上运动，并在被提升到一定高度后因受自身重力、抄板抛撒力等综合作用而下落，形成混合过程，当物料颗粒下落至底部区域后，随着筒体的旋转，又将重复上述混合过程。

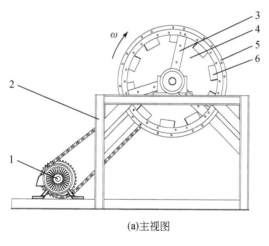
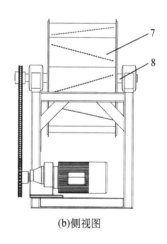

(a)主视图　　　　　　　　　　　(b)侧视图

图6-15　有抄板的滚筒式全混合日粮混合机总体结构示意

1. 减速电动机　2. 机架　3. 支臂　4. 端侧挡板　5. 环形支撑框　6. 抄板　7. 周向壁板　8. 主轴

一、混合过程分析

为了得到较佳的混合效果、有效降低动力消耗，需要对有抄板的滚筒式全混合日粮混合机工作时物料颗粒群随筒体旋转的运动情况进行详细的研究分析。

（一）混合过程中物料颗粒群的运动分析

通过对有抄板的滚筒式全混合日粮混合机的混合过程进行观察分析可知：在不同工况下，筒体内物料颗粒的运动情况存在着一定的差异，但随着筒体的旋转，物料颗粒群的宏观运动呈现出周期性的变化规律。为方便讨论，根据有抄板的滚筒式全混合日粮混合机筒体内不同物料颗粒群的运动变化情况，将筒体内物料运动区域划分为提料区、抛落区、回料区（图6-16），不同参数组合下各个运动区域的位置、大小、形状不同。

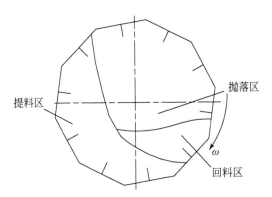

图 6-16　有抄板的滚筒式全混合日粮混合机筒体内物料颗粒群运动区域分布示意

1. 提料区

提料区位于筒体的下部（以左下部为主）、并延伸至左上部，该区域内物料单元主要受重力、离心力、抄板产生的托带力、物料颗粒相互之间的作用力等的综合作用。抄板带动的物料颗粒群层较厚，超过抄板高度的物料颗粒层之间存在速度梯度（越靠近筒体中心处，物料颗粒层速度越低），使得物料颗粒层之间形成摩擦剪切面，进而有助于产生剪切混合运动，但该区域内物料颗粒群的剪切混合运动较弱。随着物料装载率的增加，提料区增大；随着筒体转速的提高，提料区向上延伸；随着抄板高度的增大，抄板能提升到筒体上部较高处的物料颗粒群增多。因此，提料区内物料颗粒群的混合运动方式以剪切混合为主，且该区域内物料颗粒群的运动状态主要受抄板高度、筒体转速、物料装载率的影响（详见混合过程高速摄像分析）。

2. 抛落区

抛落区位于筒体上部，该区域是由于提料区内物料颗粒群中的物料单元被提升到一定高度后受重力、离心力、抄板抛送力、物料颗粒相互之间的作用力等的综合作用下落而形成的。在抛落过程中该区域会产生交错的物料颗粒群下落面（因相邻两块抄板按反向布置方式安装），该区域内物料颗粒群呈抛撒形下落，物料分散且物料颗粒相互之间的间隙较大，在抛落区产生明显的剪切混合与扩散混合运动，物料颗粒群混合速度较其他分区快，同时抛落的物料颗粒与提料区表层上的物料颗粒相互摩擦和碰撞，进而使物料颗粒相互之间形成较强烈的以剪切混合与扩散混合运动方式为主的变位和渗透混合，并产生一定的对流混合运动。随着物料装载率的增加，抛落区减小；随着筒体转速的提高，抛落区移向筒体上部右侧；随着抄板高度的增大，抄板能抛落的物料颗粒群增多；随着抄板安装角的增加，抄板抛落的物料颗粒群下落面的交错角度增大，有利于加快混合进程。因此，抛落区内物料颗粒群的混合运动方式以扩散混合与剪切混合为主，且该区域内物料颗粒群的运动状态主要受抄板高度、抄板安装角、筒体转速、物料装载率的影响，由于该区域是物料颗粒群进行混合的主要区域，为实现有效抛落，物料装载率的取值不宜过高且筒体转速的取值也应小于临界转速。

3. 回料区

回料区位于提料区右上部、抛落区下部，该区域是抛落区内物料颗粒群下落至筒体底部后形成的。该区域抄板上的物料单元主要受重力、离心力、抄板托带力、物料颗粒相互之间的作用力等的综合作用。该区域内物料颗粒群因靠近提料区右侧（即提料区末端），并不断融入由抛落区下落的物料颗粒，即该区域的形成过程也是物料颗粒群不断地融入过程，因而该区域内物料颗粒群的混合过程以物料层之间的剪切混合为主。随着物料装载率的增加，回料区移向筒体下部右侧；随着筒体转速的提高，回料区增大；随着抄板高度的增大，回料区也会向筒体下部右侧偏移。因此，回料区内物料颗粒群的混合运动方式以较弱的剪切混合为主，且该区域内物料颗粒群的运动状态主要受物料装载率、筒体转速、抄板高度的影响。

综上所述，有抄板的滚筒式全混合日粮混合机筒体不同分区内物料颗粒群的运动规律主要受筒体转速、物料装载率、抄板安装角、抄板高度的影响。

（二）基于高速摄像技术的混合过程分析

由前述分析可知，有抄板的滚筒式全混合日粮混合机筒体内物料颗粒群的运动状态主要受抄板、筒体转速和物料装载率的影响。为更细致地对其进行研究分析，本节通过利用高速摄像系统记录筒体运转平稳后的混合过程，并对所摄影像进行逐帧观察和分析。

1. 抄板对混合运动的影响

在抄板安装角为 10°、物料装载率为 35%、筒体转速为 16r/min 的情况下，从抄板高度为 73mm、140mm 时所摄影像中分别截取物料颗粒群刚进入抛落区及之后在相同时间间隔时的特征状态图像，如图 6-17 所示（图中筒体按顺时针方向旋转）。

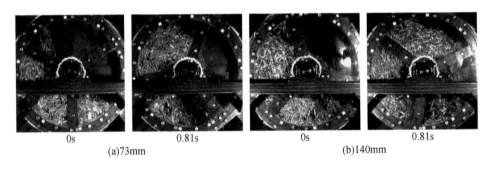

图 6-17　抄板高度对有抄板的滚筒式全混合日粮混合机筒体内物料颗粒群运动状态的影响

结合高速影像与图 6-17 可知，抄板高度从 73mm 增加到 140mm 时，抄板对物料颗粒群的托带与提升能力增强，筒体内物料颗粒群的运动状态变化明显，由抄板带动的物料颗粒群层厚度增大，伴随筒体运动的物料颗粒群增多，未处于抄板带动范围内的物料颗粒群沿倾斜料面自动滚落的情况增多，筒体内物料提料区变大、抛落区右移，处于提升运动状态的物料颗粒群增多，尽管物料颗粒群在抛落区顶部开始抛落的位置提高，物料颗粒群在筒体内的抛撒范围增大，但物料颗粒群是以物料团的形式抛落，物料颗粒相互之间的变位和渗透能力降低，有效混合作用减小。

同时由预试验可知，相邻两块抄板按反向布置方式安装，一定大小的抄板安装角有助于使物料颗粒群在抛落过程中产生交错的物料颗粒剪切面，进而强化剪切混合与扩散混合运动，同时有助于产生一定的（轴向）对流混合运动（相对于周向混合运动较弱）。

2. 筒体转速对混合运动的影响

在抄板高度为 73mm、抄板安装角为 25°、物料装载率为 35% 的情况下，从筒体转速为 16r/min、34r/min 时所摄影像中分别截取筒体运转平稳后物料颗粒群刚进入抛落区及之后在筒体旋转相同角度时刻的特征状态图像，如图 6-18 所示。

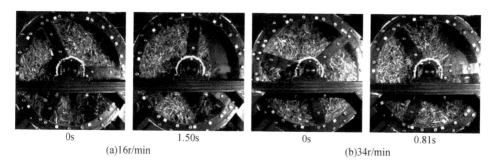

(a)16r/min　　　　　　　　(b)34r/min

图 6-18　筒体转速对有抄板的滚筒式全混合日粮混合机筒体内物料颗粒群运动状态的影响

结合高速影像与图 6-18 可知，筒体转速从 16r/min 增加到 34r/min 时，筒体内物料颗粒群的运动状态有明显的变化。当筒体转速为 16r/min 时，大部分物料颗粒因不能上升到足够的高度而使物料颗粒群在抛落区开始抛落的位置降低，而且处于抛落状态的物料颗粒较少，物料颗粒以受自身重力为主（因其所受的离心力较小）滚落，抄板对物料颗粒群的抛散作用较小，筒体内物料提料区较小，物料颗粒群以剪切混合运动方式为主实现变位和渗透混合；当筒体转速为 34r/min 时，物料颗粒群所受的离心力、抛送力较大，筒体内物料提料区变大、抛落区右移，物料颗粒从抄板滚落时获得的抛撒初速度增大，物料颗粒群以剪切混合运动方式与扩散混合运动方式为主、以对流混合运动方式为辅实现变位和渗透混合。因此，为使物料颗粒有充分接触机会，加快物料颗粒群在筒体内的循环运动，应选择适宜的筒体转速。

3. 物料装载率对混合运动的影响

在抄板高度为 95mm、抄板安装角为 16°、筒体转速为 25r/min 的情况下，从物料装载率为 25%、85% 时所摄影像中分别截取物料颗粒群刚进入抛落区及之后在相同时间间隔时的特征状态图像，如图 6-19 所示。

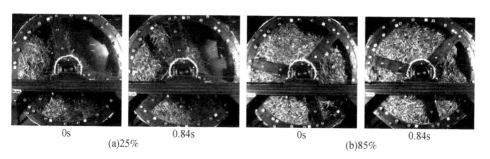

(a)25%　　　　　　　　(b)85%

图 6-19　物料装载率对有抄板的滚筒式全混合日粮混合机筒体内物料颗粒群运动状态的影响

结合高速影像与图 6-19 可知，物料装载率从 25% 增加到 85% 时，筒体内物料颗粒群的运动状态有着明显的变化。当物料装载率为 25% 时，筒体内物料提料区较小、抛落区较大，有利于物料颗粒群沿交错剪切面下落，并沿轴向产生移动，也有利于不同滚落方向的物料颗粒在回料区变位和渗透混合，从而实现物料颗粒群在筒体内三维空间上的混合过程。当物料装载率为 85% 时，物料密实度较大，物料颗粒相互之间的摩擦力较大，提料区内伴随筒体运动的物料颗粒层厚度较大，抛落区较小，物料颗粒群以物料团的形式运动，物料颗粒群抛落运动不明显，物料颗粒相互之间的变位和渗透混合强度大幅度减小。

综上所述，随着筒体转速、物料装载率、抄板安装角和抄板高度的变化，有抄板的滚筒式全混合日粮混合机筒体内物料颗粒群的运动状态也相应地产生不同程度的变化，且物料颗粒群在混合过程中的循环运动次数还受混合时间的影响。

二、混合性能试验研究

为进一步定量分析有抄板的滚筒式全混合日粮混合机的结构参数和运行参数与混合性能之间的相互关系，利用滚筒式全混合日粮混合机试验装置对其进行混合性能试验研究。

（一）试验材料与方法

本节所用的主要仪器设备是有抄板的滚筒式全混合日粮混合机试验装置（总体结构如图 6-15 所示）。为使研究内容更具有可比性，采用的仪器设备、试剂、试验材料均同无抄板的滚筒式全混合日粮混合机，同时还需要配置电子数显卡尺。

根据有抄板的滚筒式全混合日粮混合机的结构特点、混合机理分析、单因素预试验和生产实际，本节确定试验因素及其水平取值范围为：筒体转速 10～40r/min、物料装载率 20%～80%、混合时间 4～20min、抄板安装角 0°～32°、抄板高度 63～127mm。

为使研究内容更具有可比性，试验时仍选用变异系数和净功耗作为衡量该机混合性能的评价指标，其测定方法同无抄板的滚筒式全混合日粮混合机。其中，净功耗测定过程中需要对涉及的机组空载功率进行分析计算，即利用测试系统检测五个不同筒体转速取值（在 10～40r/min 范围选取）对应的机组空载功率，统计分析结果见表6-6。

表6-6 有抄板的滚筒式全混合日粮混合机不同筒体转速对应的机组空载功率

项目	1	2	3	4	5
筒体转速/(r/min)	10.0	17.5	25.0	32.5	40.0
机组空载功率/W	54.241	90.538	117.061	144.165	212.224

注：五个不同筒体分别用1~5表示。

运用MATLAB拟合工具箱对表6-6中的数据进行回归分析及曲线拟合，得到机组空载功率 P_{kd}（单位为W）与筒体转速 n_2（单位为r/min）之间的拟合方程，如式（6-21）所示。

$$P_{kd} = 4.928n_2 + 0.448 \quad (R^2 = 0.9604) \tag{6-21}$$

由式（6-21）的决定系数可知，拟合方程整体的拟合度较好，故能用于表达有抄板的滚筒式全混合日粮混合机对应机组空载功率与筒体转速之间的总体关系；由式（6-21）可直观地看出，随着筒体转速的增大，机组空载功率逐渐增大。因此，应简化有抄板的滚筒式全混合日粮混合机结构，以在满足变异系数要求的前提下尽可能减小机组空载功率。

综合考虑不同试验设计方法的特点与适用场合，同时考虑实施试验时具体的工作量，确定采用五因素五水平（1/2部分实施）的二次回归正交旋转组合试验方法来安排试验，定量分析筒体转速 n_2、物料装载率 L_{r2}、混合时间 T_2、抄板安装角 θ_2 和抄板高度 H 对变异系数 Y_1、净功耗 Y_2 的影响。对应的试验因素编码见表6-7。

表6-7 有抄板的滚筒式全混合日粮混合机对应的试验因素编码

编码	n_2/(r/min)	L_{r2}/%	T_2/min	θ_2/(°)	H/mm
上星号臂（2）	40.0	80	20	32	127
上水平（1）	32.5	65	16	24	111
零水平（0）	25.0	50	12	16	95
下水平（-1）	17.5	35	8	8	79
下星号臂（-2）	10.0	20	4	0	63

试验设计方案见表6-8，表中 Z_1、Z_2、Z_3、Z_4、Z_5 分别表示筒体转速、物料装载率、混合时间、抄板安装角、抄板高度的编码值，即 $Z_j(j=1, 2, 3, 4, 5)$ 为各试验因素对应的规范变量。表6-8中各试验因素均取零水平的中心点试验重复10次。

表6-8 有抄板的滚筒式全混合日粮混合机对应的试验设计方案与结果

序号	Z_1	Z_2	Z_3	Z_4	Z_5	$Y_1/\%$	Y_2/kJ
1	1	1	1	1	1	2.34	148.77
2	1	1	1	−1	−1	6.34	117.68
3	1	1	−1	1	−1	5.21	102.76
4	1	1	−1	−1	1	3.71	71.50
5	1	−1	1	1	−1	2.37	127.46
6	1	−1	1	−1	1	9.08	124.93
7	1	−1	−1	1	1	5.26	65.36
8	1	−1	−1	−1	−1	9.41	53.74
9	−1	1	1	1	−1	2.64	98.66
10	−1	1	1	−1	1	2.77	103.52
11	−1	1	−1	1	1	6.39	68.09
12	−1	1	−1	−1	−1	2.45	49.17
13	−1	−1	1	1	1	1.96	89.32
14	−1	−1	1	−1	−1	5.94	90.29
15	−1	−1	−1	1	−1	3.90	41.626
16	−1	−1	−1	−1	1	4.37	43.21
17	2	0	0	0	0	7.38	132.35
18	−2	0	0	0	0	4.27	70.61
19	0	2	0	0	0	2.74	101.08
20	0	−2	0	0	0	5.75	51.12
21	0	0	2	0	0	2.71	138.91
22	0	0	−2	0	0	4.20	33.43
23	0	0	0	2	0	3.96	90.23
24	0	0	0	−2	0	6.75	79.56
25	0	0	0	0	2	4.73	103.87
26	0	0	0	0	−2	5.47	100.52
27	0	0	0	0	0	3.67	104.74
28	0	0	0	0	0	3.56	98.36
29	0	0	0	0	0	4.25	98.26
30	0	0	0	0	0	3.43	97.61
31	0	0	0	0	0	3.33	97.79

序号	Z_1	Z_2	Z_3	Z_4	Z_5	$Y_1/\%$	Y_2/kJ
32	0	0	0	0	0	3.20	98.06
33	0	0	0	0	0	3.54	104.74
34	0	0	0	0	0	3.71	93.15
35	0	0	0	0	0	4.09	97.75
36	0	0	0	0	0	3.51	104.74

（二）试验结果与分析

1. 试验结果

本试验设计方案中各试验因素的编码值与实际值之间的对应关系见表6-7。为应尽可能降低试验误差，将试验设计方案中每组试验均重复5次，取其平均值作为试验结果，见表6-8。

2. 回归分析

运用 Design-Expert 软件对表6-8中试验数据进行分析，建立各试验因素的编码值对变异系数 Y_1、净功耗 Y_2 影响的回归模型：

$$Y_1 = 3.68 + 0.81Z_1 - 0.69Z_2 - 0.43Z_3 - 0.82Z_4 - 0.16Z_5 + 0.47Z_1^2 + 0.08Z_2^2 - 0.12Z_3^2$$
$$+ 0.36Z_4^2 + 0.29Z_5^2 - 0.41Z_1Z_2 + 0.02Z_1Z_3 - 0.80Z_1Z_4 - 0.22Z_1Z_5 - 5.00 \times 10^{-3}Z_2Z_3$$
$$+ 1.04Z_2Z_4 - 0.03Z_2Z_5 - 0.98Z_3Z_4 + 6.25 \times 10^{-3}Z_3Z_5 + 0.38Z_4Z_5 \qquad (6\text{-}22)$$

$$Y_2 = 99.58 + 14.66Z_1 + 9.34Z_2 + 25.67Z_3 + 4.56Z_4 + 1.67Z_5 + 0.39Z_1^2 - 5.95Z_2^2$$
$$- 3.43Z_3^2 - 3.75Z_4^2 + 0.57Z_5^2 + 0.89Z_1Z_2 + 2.86Z_1Z_3 + 4.06Z_1Z_4 - 0.97Z_1Z_5$$
$$- 3.18Z_2Z_3 + 4.05Z_2Z_4 + 0.87Z_2Z_5 - 2.03Z_3Z_4 + 1.97Z_3Z_5 - 1.95Z_4Z_5 \qquad (6\text{-}23)$$

在多因素试验中，各试验因素之间有时能联合起来起到交互作用，故式（6-22）、式（6-23）中均包含各试验因素相互之间的交互项，如 Z_1Z_2 表示筒体转速 Z_1 和物料装载率 Z_2 的交互项；上述回归模型中，Z_1^2、Z_2^2、Z_3^2、Z_4^2、Z_5^2 分别表示筒体转速的平方项、物料装载率的平方项、混合时间的平方项、抄板安装角的平方项、抄板高度的平方项，同时为简练起见，本节后续部分内容直接用上述符号表示对应的交互项或平方项。

为研究和分析各试验因素对变异系数 Y_1、净功耗 Y_2 的影响程度，运用 Design-Expert 软件分别对式（6-22）和式（6-23）进行方差分析，结果分别见表6-9和表6-10中各自斜线左侧数据。

表6-9　变异系数 Y_1 方差分析

变异来源	平方和	自由度	均方	F 值	p 值
模型	111.19/110.97	20/15	5.56/7.40	38.94/62.68	<0.0001/<0.0001
Z_1	15.88/15.88	1/1	15.88/15.88	111.21/134.52	<0.0001/<0.0001
Z_2	11.29/11.29	1/1	11.29/11.29	79.08/95.65	<0.0001/<0.0001
Z_3	4.37/4.37	1/1	4.37/4.37	30.60/37.02	<0.0001/<0.0001
Z_4	15.97/15.97	1/1	15.97/15.97	111.90/135.35	<0.0001/<0.0001
Z_5	0.62/0.62	1/1	0.62/0.62	4.35/5.26	0.0545/0.0328
Z_1Z_2	2.72/2.72	1/1	2.72/2.72	19.07/23.07	0.0006/0.0001
Z_1Z_3	7.23×10^{-3}/	1/	7.23×10^{-3}/	0.05/	0.8250/
Z_1Z_4	10.11/10.11	1/1	10.11/10.11	70.84/85.69	<0.0001/<0.0001
Z_1Z_5	0.77/0.77	1/1	0.77/0.77	5.36/6.49	0.0351/0.0192
Z_2Z_3	4.00×10^{-4}/	1/	4.00×10^{-4}/	2.80×10^{-3}/	0.9585/
Z_2Z_4	17.26/17.26	1/1	17.26/17.26	120.93/146.28	<0.0001/<0.0001
Z_2Z_5	0.01/	1/	0.01/	0.10/	0.7552/
Z_3Z_4	15.29/15.29	1/1	15.29/15.29	107.09/129.54	<0.0001/<0.0001
Z_3Z_5	6.25×10^{-4}/	1/	6.25×10^{-4}/	4.38×10^{-3}/	0.9481/
Z_4Z_5	2.28/2.28	1/1	2.28/2.28	15.97/19.32	0.0012/0.0003
Z_1^2	7.17/7.17	1/1	7.17/7.17	50.22/60.75	<0.0001/<0.0001
Z_2^2	0.20/	1/	0.20/	1.38/	0.2592/
Z_3^2	0.45/0.45	1/1	0.45/0.45	3.18/3.85	0.0946/0.0638
Z_4^2	4.05/4.05	1/1	4.05/4.05	28.38/34.33	<0.0001/<0.0001
Z_5^2	2.73/2.73	1/1	2.73/2.73	19.12/23.13	0.0005/0.0001
残差	2.14/2.36	15/20	0.14/0.12		
失拟	1.20/1.41	6/11	0.20/0.13	1.89/1.22	0.1867/0.3876
纯误差	0.95/0.95	9/9	0.11/0.11		
总和	113.33/113.33	35/35			

表6-10　净功耗 Y_2 方差分析

变异来源	平方和	自由度	均方	F 值	p 值
模型	26 657.58/26 413.39	20/12	1 332.88/2 201.12	62.11/89.43	<0.000 1/<0.000 1
Z_1	5 156.60/5 156.60	1/1	5 156.60/5 156.60	240.27/209.50	<0.000 1/<0.000 1
Z_2	2 093.37/2 093.37	1/1	2 093.37/2 093.37	97.54/85.05	<0.000 1/<0.000 1

变异来源	平方和	自由度	均方	F 值	p 值
Z_3	15 817.80/15 817.80	1/1	15 817.80/15 817.80	737.04/642.65	<0.000 1/<0.000 1
Z_4	498.27/498.27	1/1	498.27/498.27	23.22/20.24	0.000 2/0.000 2
Z_5	66.68/66.68	1/1	66.68/66.68	3.11/2.71	0.098 3/0.1134
Z_1Z_2	12.64/	1/	12.64/	0.59/	0.454 8/
Z_1Z_3	131.05/131.05	1/1	131.05/131.05	6.11/5.32	0.025 9/0.030 4
Z_1Z_4	264.01/264.01	1/1	264.01/264.01	12.30/10.73	0.003 2/0.003 3
Z_1Z_5	14.96/	1/	14.96/	0.70/	0.4168/
Z_2Z_3	162.16/162.16	1/1	162.16/162.16	7.56/6.59	0.014 9/0.017 2
Z_2Z_4	262.61/262.61	1/1	262.61/262.61	12.24/10.67	0.003 2/0.003 4
Z_2Z_5	12.08/	1/	12.08/	0.56/	0.464 7/
Z_3Z_4	65.62/	1/	65.62/	3.06/	0.100 8/
Z_3Z_5	62.37/	1/	62.37/	2.91/	0.108 8/
Z_4Z_5	61.02/	1/	61.02/	2.84/	0.112 4/
Z_1^2	4.96/	1/	4.96/	0.23/	0.637 7/
Z_2^2	1 133.13/1 133.13	1/1	1 133.13/1 133.13	52.80/46.04	<0.000 1/<0.000 1
Z_3^2	377.25/377.25	1/1	377.25/377.25	17.58/15.33	0.000 8/0.000 7
Z_4^2	450.46/450.46	1/1	450.46/450.46	20.99/18.30	0.000 4/0.000 3
Z_5^2	10.53/	1/	10.53/	0.49/	0.494 3/
残差	321.92/566.11	15/23	21.46/24.61		
失拟	184.85/429.04	6/14	30.81/30.65	2.02/2.01	0.164 4/0.146 8
纯误差	137.07/137.07	9/9	15.23/15.23		
总和	269 79.50/269 79.50	35/35			

由表6-9和表6-10中各自斜线左侧数据可知，两项评价指标的失拟项均不显著、回归模型均极显著（$p<0.0001$），表明有抄板的滚筒式全混合日粮混合机试验设计方案正确且各评价指标与各试验因素之间存在着模型确定的关系；对于变异系数 Y_1，筒体转速 Z_1、物料装载率 Z_2、混合时间 Z_3、抄板安装角 Z_4、Z_1Z_2、Z_1Z_4、Z_2Z_4、Z_3Z_4、Z_4Z_5、Z_1^2、Z_4^2、Z_5^2 极显著，Z_1Z_5 显著，抄板高度 Z_5、Z_3^2 较显著，Z_1Z_3、Z_2Z_3、Z_2Z_5、Z_3Z_5、Z_2^2 不显著；对于净功耗 Y_2，Z_1、Z_2、Z_3、Z_4、Z_1Z_4、Z_2Z_4、Z_2^2、Z_3^2、Z_4^2 极显著，Z_1Z_3、Z_2Z_3 显著，抄板高度 Z_5 较显著，Z_1Z_2、

Z_1Z_5、Z_2Z_5、Z_3Z_4、Z_3Z_5、Z_4Z_5、Z_1^2、Z_5^2不显著；这说明拟合的回归模型［式（6-22）和式（6-23）］有待改进，应该将回归模型缩减，因此应逐个剔除最不显著回归系数所对应的变量，并将其平方和和自由度并入误差项再重新拟合回归模型。在分别保证变异系数 Y_1、净功耗 Y_2 回归模型均极显著、失拟项均不显著的基础上，经多次重新计算后，得出相应的各试验因素编码值对变异系数 Y_1、净功耗 Y_2 影响的简化回归模型［式（6-24）和式（6-25）］和方差分析结果（表6-9 和表6-10 中各自斜线右侧数据）。

$$Y_1 = 3.73 + 0.81Z_1 - 0.69Z_2 - 0.43Z_3 - 0.82Z_4 - 0.16Z_5 + 0.47Z_1^2 - 0.12Z_3^2 + 0.36Z_4^2$$
$$+ 0.29Z_5^2 - 0.41Z_1Z_2 - 0.80Z_1Z_4 - 0.22Z_1Z_5 + 1.04Z_2Z_4 - 0.98Z_3Z_4 + 0.38Z_4Z_5$$

$$(6\text{-}24)$$

$$Y_2 = 100.23 + 14.66Z_1 + 9.34Z_2 + 25.67Z_3 + 4.56Z_4 + 1.67Z_5 - 5.95Z_2^2 - 3.43Z_3^2$$
$$- 3.75Z_4^2 + 2.86Z_1Z_3 + 4.06Z_1Z_4 - 3.18Z_2Z_3 + 4.05Z_2Z_4 - 2.03Z_3Z_4 + 1.98Z_3Z_5$$
$$- 1.95Z_4Z_5$$

$$(6\text{-}25)$$

由 Design-Expert 软件获得式（6-24）和式（6-25）的决定系数分别为 0.9792 和 0.9790，说明上述简化回归模型和试验结果拟合程度较好，试验误差较小，可在试验范围内用于预测有抄板的滚筒式全混合日粮混合机变异系数 Y_1、净功耗 Y_2 的变化情况。

3. 试验因素对评价指标的影响主次分析

为了分析有抄板的滚筒式全混合日粮混合机的筒体转速 Z_1、物料装载率 Z_2、混合时间 Z_3、抄板安装角 Z_4 和抄板高度 Z_5 对评价指标的影响大小，需要根据经多次重新计算后的方差分析中各回归项对应的 F 值大小进行判定。

经分别对比表6-9 和表6-10 中各自斜线右侧数据对应各回归项 F 值大小可知：各试验因素对变异系数 Y_1 的影响由大到小依次为抄板安装角 Z_4、筒体转速 Z_1、物料装载率 Z_2、混合时间 Z_3、抄板高度 Z_5，其余显著回归项中的交互项和平方项对变异系数 Y_1 的影响由大到小依次为 Z_2Z_4、Z_3Z_4、Z_1Z_4、Z_1^2、Z_4^2、Z_5^2、Z_1Z_2、Z_4Z_5、Z_1Z_5、Z_3^2；各试验因素对净功耗 Y_2 的影响由大到小依次为混合时间 Z_3、筒体转速 Z_1、物料装载率 Z_2、抄板安装角 Z_4、抄板高度 Z_5，其余显著回归项中的交互项和平方项对净功耗 Y_2 的影响由大到小依次为 Z_2^2、Z_4^2、Z_3^2、Z_1Z_4、Z_2Z_4、Z_2Z_3、Z_1Z_3。

4. 试验因素对评价指标的影响效应分析

为了更直观地分析有抄板的滚筒式全混合日粮混合机的筒体转速、物料装载率、混合时间、抄板安装角和抄板高度对评价指标的影响规律、各试验因素之间的相互影响情况，根据各回归项显著性情况及其对评价指标影响的主次顺序，选取对评价指标影响最为重要的回归项，并运用 MATLAB 软件绘制四维切片来直观描述对应的影响规律，如图6-20所示。其中，在绘制四维切片之前，需要根据各试验因素的编码值与实际值之间存在的转换关系，将式（6-24）和式（6-25）转换成各试验因素的实际值对各评价指标影响的简化回归模型。

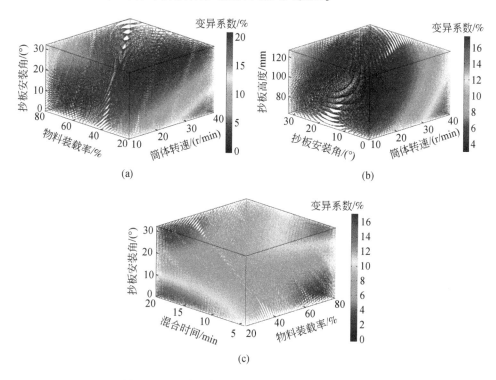

图6-20　试验因素对变异系数Y_1影响的四维切片

1）试验因素对变异系数Y_1的影响效应分析

在试验范围内，当混合时间和抄板高度均分别取各自零水平对应的实际值时，筒体转速、物料装载率和抄板安装角三个试验因素对变异系数Y_1的影响效应如图6-20（a）所示。通过观察图6-20（a）中颜色分布规律可知：变异系数变大的区域主要集中在同时满足筒体转速取值较大（接近临界转速）、物料装载率和抄板安装角取值均较小时；变异系数最大值出现在筒体转速为40r/min、物料装载率为20%和抄板安装角为0°时。这是因为在试验范围内，当筒体转速取值接近临界转速时，物料颗粒所受的离心力较大，导致贴附于筒体内壁而与之共转的物料颗粒较多，筒体内物料颗粒之间的相对运动减小，物料颗粒相互之间变位和渗透的概率减小，物料颗粒相互之间混合运动强度减小。在试验范围内，当物料装载率取值较小时，因物料颗粒下落的高度落差变大（冲击与碰撞较大），使因表面化学性质而黏附在一起但物理特性差异大的物料颗粒产生离析。在试验范围内，当抄板安装角取值较小时，使抄板及其周边的物料颗粒在被带起后，出现同步抛落（物料颗粒的下落方位相似度较高），不利于物料颗粒抛落时出现交错、分散的剪切面，同时因抄板对物料颗粒的轴向推动力较小而使物料颗粒在筒体内的轴向对流混合运动强度较小。

在试验范围内，当物料装载率和混合时间均分别取各自零水平对应的实际值时，筒体转速、抄板安装角和抄板高度三个试验因素对变异系数 Y_1 的影响效应如图6-20（b）所示。通过观察图6-20（b）中颜色分布规律可知：变异系数变大的区域主要集中在同时满足筒体转速取值较高（接近临界转速）、抄板安装角和抄板高度取值均较小时；在该区域内筒体转速和抄板安装角对变异系数的影响大于抄板高度对变异系数的影响，这与各试验因素对变异系数影响的主次顺序相一致；变异系数最大值出现在筒体转速为40r/min、抄板安装角为0°和抄板高度为63mm时。这是因为在试验范围内，筒体转速的提高在一定程度上有利于改善物料颗粒的随机运动过程，使物料颗粒的混合作用增强，但当筒体转速取值接近临界转速时，物料颗粒所受的离心力较大，导致其贴附于筒体内壁而与之共转的可能性较大，物料颗粒在全混合日粮混合机内的运动区域较小，物料颗粒相互之间渗透、变位的概率较小，物料颗粒的混合运动强度较小。在试验范围内，当抄板安装角取值较小时，抄板及其周边的物料颗粒在被带起后，出现同步抛落（物料颗粒的下落方位相似度较高），不利于物料颗粒分散，同时因抄板对物料颗粒的轴向推动力较小，使物料颗粒沿全混合日粮混合机轴向的对流混合运动强度较小。在试验范围内，当抄板高度取值较小时，其提升、托带、抛散物料颗粒的能力降低，全混合日粮混合机内物料颗粒的均布过程较慢，使物料颗粒的混合运动强度较小。

在试验范围内，当抄板高度和筒体转速均分别取各自零水平对应的实际值时，混合时间、物料装载率和抄板安装角三个试验因素对变异系数 Y_1 的影响效应如图6-20（c）所示。通过观察图6-20（c）中颜色分布规律可知：变异系数变大的区域主要集中在同时满足混合时间取值较大（接近20min）、物料装载率和抄板安装角取值均较小时，同时变异系数变大的区域还小范围地集中在同时满足混合时间取值较小（接近4min）、物料装载率取值较大和抄板安装角取值较大时；在变异系数变大的主要区域内抄板安装角对变异系数的影响大于物料装载率和混合时间对变异系数的影响，这与各试验因素对变异系数影响的主次顺序相一致；变异系数最大值出现在混合时间为20min、物料装载率为20%和抄板安装角为0°时。这是因为在试验范围内，当混合时间取值较大且物料装载率取值较小时，物料颗粒在筒体内循环运动的次数较多，同时又因重力而下落的物料颗粒与底部物料区域之间的高度落差较大，使因在表面化学性质方面存在差异而黏附在一起的物料颗粒出现离析和分级的潜在性趋大。同时在混合过程中，物料颗粒的混合与离析是同时进行的，当两者作用达到某一平衡状态，即动力学均衡时，混合程度即可确定，进一步混合将会使混合质量变差。在试验范围内，当混合时间取值较小且物料装载率取值较大时，物料颗粒堆积现象比较明显，物料颗粒因在全混合日粮混合机中没有得到充分混合加上相互之间融合不足而使变异系数受到影响。

2）试验因素对净功耗 Y_2 的影响效应分析

在试验范围内，当抄板安装角和抄板高度均分别取各自零水平对应的实际值时，筒体转速、物料装载率和混合时间三个试验因素对净功耗 Y_2 的影响效应如图 6-21（a）所示。通过观察图 6-21（a）中颜色分布规律可知：净功耗变大的区域主要集中在同时满足筒体转速、物料装载率和混合时间取值均较大时；在试验范围内，当物料装载率和混合时间取值一定时，净功耗均随着筒体转速的增加而增大；当筒体转速取值较小（接近 10r/min）、混合时间取值不同时，改变物料装载率，则对应的净功耗变化趋势并不一致，随着物料装载率的逐渐增加，净功耗呈先上升后缓慢下降的变化趋势；在试验范围内，当物料装载率和筒体转速取值一定时，净功耗均随着混合时间的增加而增大。这是因为在试验范围内，当物料装载率和混合时间取值一定时，随着筒体转速的增加，抄板对物料颗粒的抛撒力增加，物料颗粒运动剧烈程度增大，物料颗粒被提升的高度和物料颗粒之间的相对速度均增大，物料颗粒失去平衡的概率增大，需要更大的扭矩来支撑，所需的净功耗增大。在试验范围内，当筒体转速取值较小（接近 10r/min）、混合时间取值不同时，随着物料装载率的增加，物料颗粒群质量增加，由于混合过程中带动物料颗粒群旋转所需的扭矩（由物料颗粒群质量、质心与筒体中心之间的水平距离共同决定）增大，净功耗呈上升的变化趋势，但随着物料装载率的继续增加，物料颗粒群质心与筒体中心之间的水平距离缩短，则净功耗呈下降的变化趋势。在试验范围内，当物料装载率和筒体转速取值一定时，随着混合时间的增加，物料颗粒群在筒体周向和轴向上的循环运动次数增加，势必使净功耗增大。

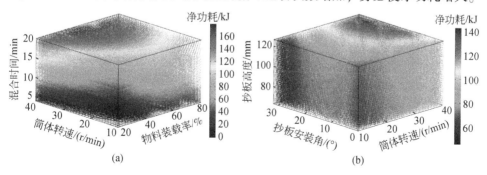

图 6-21　试验因素对净功耗 Y_2 影响的四维切片

在试验范围内，当物料装载率和混合时间均分别取各自零水平对应的实际值时，抄板高度、抄板安装角和筒体转速三个试验因素对净功耗 Y_2 的影响效应如图6-21（b）所示。通过观察图6-21（b）中颜色分布规律可知：净功耗变大的区域主要集中在同时满足抄板高度、抄板安装角和筒体转速取值均较大时；在试验范围内，当抄板高度和抄板安装角取值一定时，净功耗均随着筒体转速的增加而增大。这是因为在试验范围内，当抄板高度和抄板安装角取值一定时，随着筒体转速的增加，抄板对物料颗粒的抛撒力增加，物料颗粒运动剧烈程度增大，单位时间内全混合日粮混合机需要克服物料颗粒及筒体之间摩擦力、物料颗粒相互之间摩擦力的次数增多，物料颗粒失去平衡的概率增大，需要更大的扭矩来支撑，所需的净功耗增大。在试验范围内，当抄板安装角和筒体转速均取较大值时，随着抄板高度的增加，其提升与托带物料颗粒的能力较强，且其抛撒的物料颗粒较多，全混合日粮混合机内物料颗粒的均布过程较快，使物料颗粒混合运动强度较大，所需的净功耗增大。在试验范围内，当抄板高度和筒体转速均取较大值时，随着抄板安装角的增加，抄板及其周边的物料颗粒在被带起后，出现不同步抛落（物料颗粒的下落方位相似度较低），即物料颗粒抛落时出现交错、分散的剪切面，同时因抄板对物料颗粒的轴向推动力较大，使物料颗粒在全混合日粮混合机内的轴向对流混合运动强度较大，所需的净功耗增大。

5. 参数优化与试验验证

由上述分析可知，有抄板的滚筒式全混合日粮混合机的各试验因素对各评价指标的影响各不相同，为获得最佳参数组合方案以充分发挥全混合日粮混合机的作用，需要对各评价指标的简化回归模型进行有约束多目标优化求解。

期望优化结果满足变异系数 $C_V \leq 10\%$，并将物料装载率的取值范围设为 $50\% \sim 80\%$。以上述条件为前提，以筒体转速 $10 \sim 40r/min$、混合时间 $4 \sim 20min$、抄板安装角 $0° \sim 32°$、抄板高度 $63 \sim 127mm$ 为约束条件，以评价指标的简化回归模型为目标函数，以评价指标最小为优化目标，建立非线性规划的数学模型，并运用 Design-Expert 软件的优化模块对其进行优化求解。考虑到该机在实际工况下试验因素取值的可操作性，则从多个参数优化结果中选取最佳组合的圆整结果为：筒体转速 $23.5r/min$、物料装载率 65%、混合时间 $4min$、抄板安装角 $11°$、抄板高度 $109mm$，此时变异系数、净功耗的预测值分别为 1.95%、$33.32kJ$。

为检验上述圆整优化结果的可靠性，对其进行试验验证，得出此时变异系数、净功耗的实测值分别为 2.09%、$33.73kJ$，这说明该机的混合效果较好。通过对比分析上述各评价指标的实测值和预测值可知，两者基本吻合，说明简化回归模型与圆整后的最佳参数组合方案均是可靠的。

根据上述研究结果可知，有抄板的滚筒式全混合日粮混合机的优化结果与无抄板的滚筒式全混合日粮混合机最佳参数组合（筒体转速 22r/min、物料装载率 51%、混合时间 12min）对应的变异系数、净功耗相比，分别降低了 64.4%、15.1%。对上述两种机型的优化结果进行对比分析，见表 6-11。

表 6-11　无/有抄板的滚筒式全混合日粮混合机优化结果对比

机型	筒体转速/(r/min)	物料装载率/%	混合时间/min	机组负荷功耗/kJ
无抄板	22	51	12	98.18
有抄板	23.5	65	4	61.63

由表 6-11 可知，有抄板的滚筒式全混合日粮混合机的混合时间较短、物料装载率较大、机组负荷功耗较小。由此可知，有抄板的滚筒式全混合日粮混合机的混合性能较优。

同时，由相关资料可知，全混合日粮混合机在混合作业结束后混合室内有物料残留是一个很常见的现象，但残留物料会对下一批次物料产生污染，进而影响日粮的质量。因此，为减少相互污染、提高混合质量，有必要对无/有抄板的滚筒式全混合日粮混合机对应筒体内物料的残留情况进行研究。

为定量研究物料残留问题，参考相关资料，确定采取的具体操作步骤为：每次试验在完成混合、停机、自然卸料作业后，用家用普通吸尘器对筒体内的残留物料进行彻底清理，再将收集的残留物料用电子天平称重。按上述操作步骤对全混合日粮混合机在相同运行条件下的物料残留质量进行 5 次平行测定，得出对应的平均物料残留质量，并按式（6-26）推算出全混合日粮混合机在该运行条件下的物料残留率。

$$P_r = \frac{m_r}{m_z} \times 100\% \tag{6-26}$$

式中，P_r 为物料残留率,%；m_r 为筒体内物料的平均残留质量，kg；m_z 为筒体内物料的混合加工总质量，kg。

在对无抄板的滚筒式全混合日粮混合机实施预试验的过程中，测得该机在众多不同参数组合下的物料残留率均满足文献资料中的评定标准，故本节未将物料残留率作为评价指标予以研究。根据无抄板的滚筒式全混合日粮混合机的试验效果可知，筒体内残留物料多集中于相邻两块周向壁板的交界处，如图 6-22（a）所示。根据上述测定物料残留率的具体操作步骤，得出无抄板的滚筒式全混合日粮混合机圆整后的最佳参数组合方案所对应的物料残留率为 0.059%，该值满足文献资料中的评定标准。

同理，在对有抄板的滚筒式全混合日粮混合机实施预试验的过程中，测得该机在众多不同参数组合下的物料残留率均满足文献资料中的评定标准，故本节仍未将物料残留率作为评价指标予以研究。根据有抄板的滚筒式全混合日粮混合机的试验效果可知，筒体内残留物料较多地集中于抄板与筒体周向壁板夹角处，如图 6-22（b）所示。根据上述测定物料残留率的具体操作步骤，得出有抄板的滚筒式全混合日粮混合机圆整后的最佳参数组合方案所对应的物料残留率为0.338%，该值满足文献资料中的评定标准。

(a)无抄板机型　　　　　　　　　(b)有抄板机型

图 6-22　滚筒式全混合日粮混合机筒体内物料的残留情况

综合上述分析结果可知，有抄板的滚筒式全混合日粮混合机的混合状况总体优于无抄板的滚筒式全混合日粮混合机。但对于全混合日粮混合机来说，在保证混合性能的前提下，要求混合室内物料的残留量少且应易于清理，以保证饲料产品质量。

第四节　组合桨叶的滚筒式全混合日粮混合机研究

由前述研究可知，有抄板的滚筒式全混合日粮混合机的混合性能较好，但筒体内抄板的设置增加了筒体的结构重量及清理筒体内残留物料的工作难度。为降低加工成本、减少并便于清理筒体内残留物料，结合我国现阶段反刍动物养殖业的实际需求以及全混合日粮混合机的研究现状，在前期研究工作的基础上提出一种组合桨叶的滚筒式全混合日粮混合机，本节将对其混合机理与混合性能进行研究分析。

一、总体方案与关键结构设计

（一）总体方案

在前期研究工作的基础上，利用滚筒式全混合日粮混合机试验装置，结合桨叶式全混合日粮混合机的结构特点，设计一种组合桨叶的滚筒式全混合日粮混合机，即在筒体内壁不配置抄板，但在主轴上安装桨叶，通过筒体的旋转托带、筒体与桨叶的组合托送作用实现物料颗粒群的均匀混合。为研究组合桨叶的滚筒式全混合日粮混合机的混合性能，设计组合桨叶的滚筒式全混合日粮混合机试验装置，该试验装置主要由筒体、桨叶、机架、传动装置等组成，如图 6-23 所示。其中每个桨叶主要通过支承杆、连接板等与主轴固连，并与主轴呈一定角度。

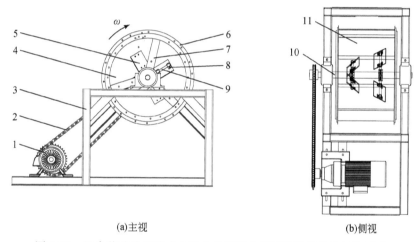

(a)主视　　　　　　　　　　　(b)侧视

图 6-23　组合桨叶的滚筒式全混合日粮混合机试验装置总体结构示意

1. 减速电动机　2. 链传动机构　3. 机架　4. 端侧挡板　5. 桨叶　6. 环形支撑框
7. 支臂　8. 连接板　9. 支承杆　10. 主轴　11. 周向壁板

组合桨叶的滚筒式全混合日粮混合机工作时，减速电动机通过链传动带动全混合日粮混合机的主轴，进而带动全混合日粮混合机的筒体旋转，筒体以及呈一定角度安装在主轴上的桨叶将物料托送到筒体上部，进而将物料抛撒到筒体内的整个三维空间上，形成以剪切混合方式与扩散混合方式为主、以对流混合方式为辅的混合过程，如此循环完成日粮各物料组分的均匀混合。

（二）关键结构设计

为增大物料颗粒相互之间的剪切混合与扩散混合运动强度，并使物料颗粒群沿轴向产生对流混合运动，拟在全混合日粮混合机主轴上设置多个与筒体轴向中心线呈一定角度的桨叶。因此，根据筒体尺寸和主轴的受力均衡情况，考虑桨叶的平衡稳定性，在主轴上采用轴向两列交错布置的方式安装两组桨叶，每组桨叶支承杆的中心线重合且与主轴轴线垂直相交，且两组桨叶支承杆的中心线相互垂直。为实现物料颗粒群在筒体内三维空间上的渗透和变位，需使桨叶对物料颗粒群的周向和轴向运动均起到促进作用，且进行混合作业时桨叶向筒体轴向中间位置推送物料颗粒，参考相关资料，将每组桨叶相对安装，即桨叶在过主轴轴线且与桨叶作用面垂直的平面上的投影与主轴轴线之间的夹角 θ_j 等值且相反，并将 θ_j 设置为45°，以便桨叶顶面与筒体内壁形成物料托带副，并加大轴向推进力度。桨叶通过支承杆、连接板和轴套等与主轴固连，且为减少不平衡因素，应将两组桨叶及其连接配件对称安装，连接方式如图6-24所示。

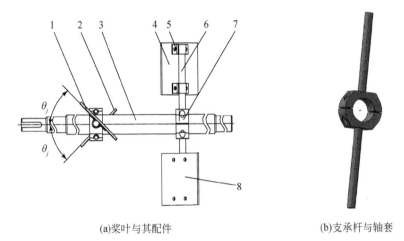

(a)桨叶与其配件　　　　　　　　　　　　(b)支承杆与轴套

图6-24　桨叶与主轴的连接方式

1.1 号桨叶　2.2 号桨叶　3. 主轴　4.3 号桨叶　5. 连接板　6. 支承杆　7. 轴套　8.4 号桨叶

当其中一组桨叶支承杆的中心线垂直于周向壁板时，另一组桨叶支承杆的中心线与筒体的棱线相交，此时各组桨叶的顶端与筒体内壁的间隙大小不同。因此，为保证上述间隙均匀一致，根据正十边形各边对应36°中心角的几何性质推算出四个桨叶支承杆的布置方式，结果如图6-25所示。

为减小阻力、改善桨叶对物料颗粒群的剪切能力，在板厚相同的前提条件下，应尽量缩短切割边长度，同时当作用面的面积相同时正方形的周长较短，因此将桨叶的作用面设计为正方形。根据筒体尺寸和桨叶支承杆的布置方式，将桨叶尺寸设计为 160mm×160mm×6mm，并将每组桨叶支承杆的中心线与邻近侧向壁板之间的距离设计为 145mm。由于桨叶支承杆根部所受弯矩最大，该截面应有足够的抗弯截面模量，经计算确定其直径为 20mm。

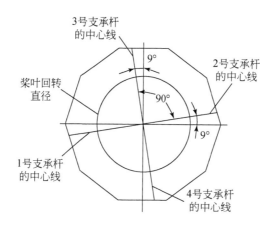

图 6-25 桨叶支承杆的布置方式

由大量预试验可知，筒体与两组桨叶同向旋转，筒体与桨叶的作用相辅相成，减小了桨叶对物料颗粒群的作用强度（相比于桨叶式全混合日粮混合机）；同时，当桨叶回转半径过小时，桨叶上物料颗粒群的周向运动强度和轴向运动强度均较小；当桨叶回转半径在一定范围内增大时，筒体与桨叶的组合托送作用有助于周向托送提升、轴向推送物料颗粒群，进而加快物料颗粒群的混合过程；当桨叶回转半径过大时，桨叶顶端与筒体周向壁板的距离较小而易出现夹带物料颗粒的现象。因此，为探索桨叶回转半径对该机混合性能的影响规律，本节将桨叶回转半径设计为可变量，并拟通过混合性能试验来确定其较优值。

二、混合过程分析

（一）混合过程中物料颗粒群的区域分布

根据两组桨叶与主轴之间的装配关系，沿筒体宽度方向上的中截面形成如图 6-26 所示的前后两个混合单体（根据筒体的旋转方向对其进行定义），则前后混合单体各有一组相对安装的桨叶，使每组桨叶都产生向筒体宽度方向上的中心横截面输送物料颗粒群的推力。

由组合桨叶的滚筒式全混合日粮混合机的结构特点可知，该机工作时能够由前后混合单体交替对物料颗粒群进行轴向推送、周向托带与抛送作用，进而产生剪切混合、扩散混合、对流混合三种运动方式，有助于加快筒体内整个物料颗粒群的混合进程。为此，本节拟对组合桨叶的滚筒式全混合日粮混合机的混合过程进行详细的研究分析，并在明确其混合机理的同时，确定主要的影响因素，以便

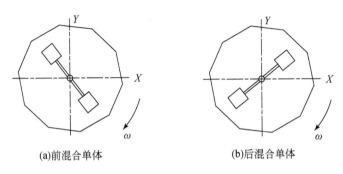

(a)前混合单体　　　　　　　　　　　(b)后混合单体

图 6-26　组合桨叶的滚筒式全混合日粮混合机筒体前后混合单体

优化其结构参数和运行参数。

由试验观测与分析可知，组合桨叶的滚筒式全混合日粮混合机的前后混合单体交替进行两种典型的混合过程，形成两种典型的物料颗粒群混合运动。为此，本节针对一个确定时刻（图 6-27）将前后混合单体整个中截面范围内按物料颗粒群的混合运动特性分区：①前混合单体包括物料随动区、小循环混合区、大循环混合区；②后混合单体包括物料随动区、物料提升区、大循环混合区。同时，随着筒体的旋转，前后混合单体交替进行混合方位的变换，则图 6-27 所显示的分区在前后混合单体交替变化。

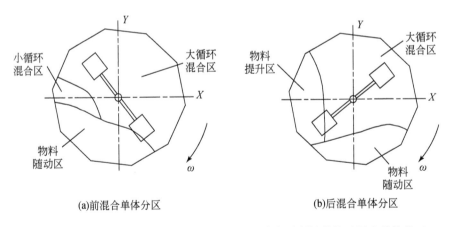

(a)前混合单体分区　　　　　　　　　(b)后混合单体分区

图 6-27　组合桨叶的滚筒式全混合日粮混合机确定时刻筒体前后混合单体分区

1. 前混合单体混合过程中物料颗粒群的运动分析

1）物料随动区

物料随动区位于筒体的下部，它是从筒体右下部开始一直到左中部的带状区域，该区域内物料颗粒靠近筒体周向壁板而随筒体转动。由于该区域无桨叶，物料单元在重力、离心力、区内周向壁板与物料颗粒之间（包括物料颗粒相互之间摩擦力）的托带力等的综合作用下由筒体周向壁板托带从下部向上部提升，物料单元所受的重力、离心力、托带力为促进物料颗粒群贴近周向壁板并随其向上运动的作用力，因此形成较稳定的随动区物料层。

在物料随动区内，由十棱柱结构的筒体托带物料颗粒群运动时，该区域内紧邻筒体周向壁板处的物料颗粒群随筒体旋转时各点处的线速度、受力方向和大小均不等，因此筒体周向壁板附近处物料颗粒群的受力情况与运动状态也不同，由其带动的外层物料颗粒群因受自身重力、离心力、物料颗粒相互之间的作用力（包括托带力）组合作用而会在随动区物料层之间产生相对运动，形成较弱的剪切混合过程，进而有助于随动区内物料颗粒群的均匀混合。

随动区物料层的厚度在筒体转速不超过临界转速时主要受物料装载率的影响，当物料装载率较低时（如25%），物料颗粒群以一定厚度随着筒体一起旋转，在临界转速范围内随着筒体转速的增加，物料颗粒群的抛撒空间增大，进入抛撒状态的物料颗粒群增多，随动区物料层厚度变薄，加之大小循环混合区内物料颗粒群的不断融入，以及单位时间内物料颗粒群循环运动次数的增加，该区域混合运动加强。当物料装载率较高时（如85%），随动区及其物料层厚度大幅度增大，筒体上部物料颗粒群的滚落或抛散空间大幅度被压缩，小循环混合区基本消失，大循环混合区作用不明显，在临界转速范围内随着筒体转速的增加，筒体内物料颗粒群开始下落的空间被进一步压缩，物料随动区进一步向上延伸，加之随动物料层很厚，筒体内物料颗粒群的扩散混合、剪切混合、对流混合运动均大幅度减弱。

由上述分析可知，物料随动区产生较弱的剪切混合过程，该区域物料颗粒群的运动状态主要受物料装载率和筒体转速的影响，该区域物料层厚度受物料装载率、筒体转速的影响较大，尤其受物料装载率的影响较大，筒体内的物料装载率越高，物料随动区越大，大小循环混合区越小，物料颗粒相互之间的混合强度越弱，混合效率越低。

2）小循环混合区

小循环混合区位于筒体的左侧中上部，它是筒体内物料颗粒群进行混合的次要区域（相对大循环混合区）。在小循环混合区，物料单元主要受重力、离心力、物料颗粒之间的托带力等的综合作用。

当物料装载率较低时（如25%），物料颗粒群随筒体旋转时筒体转速越高（在临界转速范围内），物料颗粒群所受的离心力越大，物料颗粒群开始滚落或抛落的角度越大，物料颗粒群在筒体内滚落或抛落的高度越大，进入抛落状态的物料颗粒越多，物料颗粒群在筒体上部较大的空间内从筒体内壁向下滚落或抛落，继而在筒体上部较大的空间范围内产生物料颗粒群之间的相对滑动、物料颗粒相互之间的扩散运动，因而有助于形成以剪切混合与扩散混合为主的混合过程，同时下落的物料颗粒群与较大面积的随动区表层上的物料颗粒群相互摩擦和碰撞，形成物料颗粒之间的相对运动，物料颗粒相互之间的变位和渗透混合过程更充分，进而强化小循环混合区内物料颗粒群的混合过程。

当物料装载率较高时（如85%），物料随动区过大且随动区内物料颗粒层过厚，物料颗粒群在筒体周向壁板、桨叶的组合作用下以物料颗粒群整体的形式随筒体旋转，小循环混合区很小、甚至消失，大循环混合区大大缩小，在筒体转速较高的情况下更为严重，因此，在物料装载率高、筒体转速高的情况下不利于增加小循环混合区内物料颗粒群的扩散混合与剪切混合运动。

综上可知，小循环混合区产生物料颗粒群的剪切混合与扩散混合（较弱）过程，筒体内的物料装载率不宜过高，尤其不适于物料装载率高、筒体转速高的组合情况。

3）大循环混合区

大循环混合区位于筒体上部，它是筒体内物料颗粒群进行混合的主要区域。在大循环混合区，物料单元主要受重力、离心力、桨叶及其托带的物料颗粒群（包括物料颗粒相互之间摩擦力）对物料单元的托带力、筒体周向壁板及其托带的物料颗粒群（包括物料颗粒相互之间摩擦力）对物料单元的托带力等的综合作用，其中由桨叶及其托带的物料颗粒群对物料单元的托带力、筒体周向壁板及其托带的物料颗粒群对物料单元的托带力组合成托带物料颗粒群上升的一对托举力，加之桨叶面对物料颗粒群的托举作用，提升物料颗粒群进入大循环混合区。

在物料装载率较低时（如25%），在临界转速范围内物料颗粒群随筒体旋转时筒体转速越高，物料颗粒群所受的离心力、托带力越大，物料颗粒群开始滚落或抛落的角度越大，物料颗粒群在筒体内的滚落或抛落的高度越大，进入抛落状态的物料颗粒越多，物料颗粒群在筒体上部较大的空间内向下滚落或抛落，继而在较大的空间范围内产生物料颗粒群的相对滑动、物料颗粒相互之间的扩散运动，形成较强烈的以剪切混合与扩散混合为主的混合过程，物料颗粒相互之间的变位和渗透混合过程更充分；同时由混合过程试验观测和相关资料可知，筒体周向壁板与桨叶之间的最短距离 H 直接影响其组合托举作用的效果，筒体周向壁板与桨叶之间的最短距离 H 增大或减小会严重影响周向壁板与桨叶之间形成的托举（或"架桥"）能力，筒体周向壁板与桨叶之间的最短距离 H 过大则难以形成托举作用，筒体周向壁板与桨叶之间的最短距离 H 过小则在周向壁板与桨叶之间产生夹料作用，为取得较佳的托举作用效果，以提升较多的物料颗粒进入大循环混合区，进而强化大循环混合区内物料颗粒群的混合过程，本节将对此进行深入研究。

当物料装载率较高时（如85%），物料随动区过大且随动区内物料颗粒层过厚，物料颗粒群在筒体周向壁板、桨叶的组合托举作用下会以一个物料颗粒群整体的形式随筒体旋转，大循环混合区大大缩小，在筒体转速较高时，较大的离心力作用，使大循环混合区进一步缩小，因此，物料装载率高、筒体转速高不利于增加大循环混合区内物料颗粒群的扩散混合与剪切混合运动。

综上可知，大循环混合区物料颗粒群产生较强的剪切混合与扩散混合运动，组合桨叶的滚筒式全混合日粮混合机工作时，物料装载率、筒体转速、筒体周向壁板与桨叶之间的最短距离 H（本节对应取桨叶回转半径进行研究）对该区域混合过程的影响较大。

2. 后混合单体混合过程中物料颗粒群的运动分析

1）物料随动区

物料随动区位于筒体的下部，它是从筒体右下部开始一直到左下部的带状区域，该区域内物料靠近筒体周向壁板而随筒体转动。该区域物料单元主要受重力、离心力、区内周向壁板与物料颗粒相互之间（包括物料颗粒相互之间摩擦力引起）的托带力等的综合作用，物料颗粒群主要受重力和离心力的作用，因此形成较稳定的随动区物料层。

在物料随动区内，由十棱柱结构的筒体托带物料颗粒群运动时，紧邻筒体周向壁板处及其附近的物料颗粒群的受力情况与运动状态不同，由其带动的外层物料颗粒群因受自身重力、离心力、物料颗粒相互之间的作用力（包括托带力）组合作用，加之大循环混合区不断融入的物料颗粒，会在随动区物料层之间产生相对运动，形成较弱的剪切混合过程。

随动区物料层的厚度在筒体转速不超过临界转速时主要受物料装载率的影响，当物料装载率较低时（如25%），随动区内物料颗粒群以一定厚度随着筒体一起旋转上升。当物料装载率较高时（如85%），随动区及其物料层厚度大大增加，且物料随动区会随筒体转速的增加而进一步向上延伸，筒体内物料颗粒群的总混合运动大大减弱，随动区物料层之间形成的剪切混合过程较弱。

由上述分析可知，物料随动区产生较弱的剪切混合过程，该区域物料颗粒群的运动状态主要受物料装载率和筒体转速的影响，物料装载率越高、筒体转速越高，物料随动区越大，物料颗粒相互之间的混合强度越弱，混合效率越低。

2）物料提升区

物料提升区位于筒体的左上部，它是从筒体左下部桨叶开始一直到左上部的带状区域，该区域内物料颗粒群靠近筒体左侧周向壁板，并在其左下部桨叶与邻近周向壁板组合托举推动下随筒体转动而上升。该区域内物料单元主要受重力、离心力、桨叶及其托带的物料颗粒群（包括物料颗粒相互之间摩擦力）对物料单元的托带力、邻近周向壁板及其托带的物料颗粒群（包括物料颗粒相互之间摩擦力）对物料单元的托带力等的综合作用。

物料提升区形成的影响因素主要有筒体周向壁板与桨叶之间的最短距离 H、筒体转速、物料装载率，其中关键影响因素是筒体周向壁板与桨叶之间的最短距离 H。筒体周向壁板与桨叶之间的最短距离 H 过大则筒体周向壁板和桨叶无法形成对物料颗粒群的组合托举，即筒体周向壁板与桨叶之间无法有效架起托举物料颗粒群的"桥梁"，因而无法形成物料提升区；筒体周向壁板与桨叶之间的最短距离 H 过小则筒体周向壁板与桨叶之间会产生夹料效应，造成物料颗粒群混合不均与物料残留。

物料提升区形成的情况下，该区域物料颗粒群由筒体周向壁板和桨叶组合托举上升，在物料颗粒群内物料层之间形成较弱的剪切混合过程。物料颗粒群上升时，一部分以抛撒状态进入大循环混合区，一部分在上升过程中不断向大循环混合区滚落。物料提升区的大小受物料装载率、筒体转速、筒体周向壁板与桨叶之间的最短距离 H 的影响。

3）大循环混合区

大循环混合区位于筒体上部，它是筒体内物料颗粒群进行混合的主要区域，物料颗粒群来自物料提升区。当物料装载率较低时（如25%），物料颗粒群在筒体上部向下滚落或抛落的空间区域较大，在临界转速范围内随筒体转速的增大，抛落的物料颗粒群增加，进而能在筒体上部较大的空间范围内产生物料颗粒群的相对滑动、物料颗粒相互之间的扩散运动，形成以剪切混合与扩散混合为主的混合过程。当物料装载率较高时（如85%），物料颗粒群在筒体周向壁板、桨叶的组合托举作用下会以物料颗粒群整体的形式随筒体旋转，大循环混合区偏向于筒体上部右侧，并且大大缩小，在筒体转速较高时，大循环混合区进一步缩小，因此，物料装载率高、筒体转速高对大循环混合区内物料颗粒群的混合运动影响很大。由上述可知，大循环混合区产生较强的剪切混合与扩散混合过程，该区域大小受物料装载率、筒体转速等的影响。

综上可知，组合桨叶的滚筒式全混合日粮混合机的前混合单体与后混合单体的混合过程交替进行，并且前混合单体与后混合单体之间受桨叶及混合交替过程作用会产生对流混合，进而较快地完成混合过程；该机工作时物料装载率、筒体转速、筒体周向壁板与桨叶之间的最短距离 H（本节对应取桨叶回转半径进行研究）对物料颗粒群混合过程的影响较大，本节将对此进行详细的试验研究。

（二）基于高速摄像技术的混合过程分析

组合桨叶的滚筒式全混合日粮混合机工作时，将按一定比例配制的各物料组分放入筒体内，然后启动筒体按顺时针方向旋转。借助高速摄像系统对筒体内物料颗粒群的混合过程进行逐帧观察和分析，拍摄条件为物料装载率30%、筒体转速25r/min、桨叶回转半径220mm。从所摄影像中截取物料颗粒群的特征状态图像，结果如图6-28所示。

(a)小循环混合　　　　　　　　　　　(b)大循环混合

图6-28　组合桨叶的滚筒式全混合日粮混合机筒体内物料颗粒群运动状态

结合高速影像与图6-28（a）可知，前混合单体内随动区的物料颗粒群因受筒体的托带作用而随筒体上升，待随动区的物料颗粒群被筒体提升进入小循环混合区后（位于筒体前侧、非桨叶所在区域内的物料颗粒），筒体左侧中部处物料颗粒群受自身重力的作用而下落，形成局部的、以剪切混合方式为主的小循环混合运动［图6-28（a）中椭圆形标记的筒体前侧区域］。结合高速影像与图6-28（b）可知，后混合单体内的物料颗粒群在筒体周向壁板与桨叶的组合托举、推送作用下上行而进入物料提升区［位于筒体后侧，图6-28（a）中筒体后侧颜色较暗的物料颗粒群］，继而进入大循环混合区（筒体上部）后滚落，形成筒体上部空间大范围的、以剪切混合方式与扩散混合方式［由于试验采用的筒体转速较低，图6-28（b）中显示的物料颗粒群扩散混合运动较弱］为主的大循环混合运动［图6-28（b）中椭圆形标记的筒体区域］。同时呈一定角度安装在主轴上的桨叶因对其上及其附近区域的物料颗粒群产生一个轴向推动力，推送物料颗粒群沿轴向运动，加之筒体上部大循环混合运动产生的物料颗粒群交替轴向滚落运动［图6-28（b）中椭圆形标记的筒体前侧区域的物料颗粒群即为由后混合单体内的物料颗粒群滚入的］，形成一定的物料颗粒群的对流混合。由上述高速摄像分析可知，物料颗粒群在筒体的旋转托带、筒体与桨叶的组合托送作用下沿筒体的周向和轴向进行三维空间运动，形成剪切混合、扩散混合与对流混合组合的混合过程，如此反复循环实现物料群颗粒的均匀分布过程。

综合可知，前混合单体与后混合单体形成交替的大循环混合、小循环混合，以及两者之间的对流混合过程，实现组合桨叶的滚筒式全混合日粮混合机由剪切混合、扩散混合、对流混合方式组成的混合过程。

三、混合性能试验研究

为定量研究组合桨叶的滚筒式全混合日粮混合机的混合性能，并寻求较优参数组合，利用组合桨叶的滚筒式全混合日粮混合机试验装置进行试验研究。

（一）试验材料与方法

除了全混合日粮混合机试验装置外，其余仪器设备、试剂、试验材料均同第二节无抄板的滚筒式全混合日粮混合机研究。

根据组合桨叶的滚筒式全混合日粮混合机的结构特点、混合机理分析、单因素预试验和生产实际，本节确定试验因素及其水平取值范围为：混合时间 3~17min、物料装载率 30%~70%、筒体转速 16~40r/min、桨叶回转半径 200~260mm。

为使研究内容更具有可比性，试验时仍选用变异系数、净功耗作为衡量该机混合性能的评价指标。其中，净功耗测定过程中需要对涉及的机组空载功率进行分析计算，故利用测试系统检测五个不同筒体转速取值（在 16~40r/min 范围内选取）对应的机组空载功率，统计分析结果见表 6-12。

表 6-12　组合桨叶的滚筒式全混合日粮混合机不同筒体转速对应的机组空载功率

项目	1	2	3	4	5
筒体转速/(r/min)	16	22	28	34	40
机组空载功率/W	69.028	88.836	96.106	115.998	139.143

注：五个不同筒体分别用 1~5 表示。

运用 MATLAB 拟合工具箱对表 6-12 中的数据进行回归分析及曲线拟合，得到机组空载功率 P_{kj}（单位为 W）与筒体转速 n_3（单位为 r/min）之间的拟合方程，如式（6-27）所示：

$$P_{kj} = 2.790n_3 + 23.705 \quad (R^2 = 0.9761) \tag{6-27}$$

由式（6-27）的决定系数可知，拟合方程整体的拟合度较好，故能用于表达组合桨叶的滚筒式全混合日粮混合机对应机组空载功率与筒体转速之间的总体关系；由式（6-27）可直观地看出，随着筒体转速的增大，机组空载功率逐渐增大。

综合考虑不同试验设计方法的特点与适用场合，同时考虑实施试验时具体的工作量，确定采用四因素五水平的二次回归正交旋转组合试验方法来方排试验，定量分析混合时间 T_3、物料装载率 L_{r3}、筒体转速 n_3、和桨叶回转半径 R_J 对变异系数 U_1、净功耗 U_2 的影响。对应的试验因素编码见表 6-13。

表 6-13　组合桨叶的滚筒式全混合日粮混合机对应的试验因素编码

编码	T_3/min	L_{r2}/%	n_3/(r/min)	R_J/mm
上星号臂（2）	17.0	70	40	260
上水平（1）	13.5	60	34	245
零水平（0）	10.0	50	28	230
下水平（−1）	6.5	40	22	215
下星号臂（−2）	3.0	30	16	200

试验设计方案见表 6-14，表中 X_1、X_2、X_3、X_4 分别表示混合时间、物料装载率、筒体转速、桨叶回转半径的编码值，即 X_j（$j=1$，2，3，4）为各试验因素对应的规范变量。表 6-14 中各试验因素均取零水平的中心点试验重复 12 次。

表 6-14　组合桨叶的滚筒式全混合日粮混合机对应的试验设计方案与结果

序号	X_1	X_2	X_3	X_4	U_1/%	U_2/kJ
1	−1	−1	−1	−1	14.48	49.13
2	1	−1	−1	−1	9.59	97.86
3	−1	1	−1	−1	8.65	56.87
4	1	1	−1	−1	7.31	111.42
5	−1	−1	1	−1	10.29	60.74
6	1	−1	1	−1	8.09	125.90
7	−1	1	1	−1	6.48	73.00
8	1	1	1	−1	7.49	133.11
9	−1	−1	−1	1	11.32	52.00
10	1	−1	−1	1	8.03	91.11
11	−1	1	−1	1	8.61	62.81
12	1	1	−1	1	6.09	106.71
13	−1	−1	1	1	7.54	65.38
14	1	−1	1	1	5.89	119.87

序号	X_1	X_2	X_3	X_4	$U_1/\%$	U_2/kJ
15	−1	1	1	1	6.57	77.63
16	1	1	1	1	7.01	138.84
17	−2	0	0	0	10.08	30.38
18	2	0	0	0	6.97	139.16
19	0	−2	0	0	12.04	73.84
20	0	2	0	0	7.89	106.05
21	0	0	−2	0	10.92	61.69
22	0	0	2	0	5.81	120.96
23	0	0	0	−2	7.95	88.31
24	0	0	0	2	4.96	109.65
25	0	0	0	0	5.78	102.46
26	0	0	0	0	5.8	99.39
27	0	0	0	0	5.63	98.90
28	0	0	0	0	5.7	93.42
29	0	0	0	0	5.78	95.54
30	0	0	0	0	5.67	97.23
31	0	0	0	0	5.45	99.06
32	0	0	0	0	5.8	90.65
33	0	0	0	0	6.84	100.22
34	0	0	0	0	5.55	97.60
35	0	0	0	0	5.72	90.65
36	0	0	0	0	6.03	100.72

（二）试验结果与分析

1. 试验结果

本试验设计方案中各试验因素的编码值与实际值之间的对应关系见表6-13。试验设计方案中每组试验均重复5次，取其平均值作为试验结果，见表6-14。

2. 回归分析

运用 Design-Expert 软件对表6-14中试验数据进行分析，建立各试验因素的编码值对变异系数 U_1、净功耗 U_2 影响的回归模型：

$$U_1 = 5.81 - 0.86X_1 - 1.06X_2 - 1.04X_3 - 0.72X_4 + 0.68X_1^2 + 1.04X_2^2 + 0.64X_3^2 + 0.16X_4^2$$
$$+ 0.60X_1X_2 + 0.60X_1X_3 + 0.03X_1X_4 + 0.53X_2X_3 + 0.50X_2X_4 + 0.04X_3X_4 \qquad (6\text{-}28)$$

$$U_2 = 97.15 + 26.87X_1 + 6.78X_2 + 11.88X_3 + 2.04X_4 - 3.49X_1^2 - 2.20X_2^2 - 1.85X_3^2$$
$$+ 0.06X_4^2 + 0.77X_1X_2 + 3.42X_1X_3 - 1.86X_1X_4 + 0.19X_2X_3 + 1.05X_2X_4 + 0.73X_3X_4$$
$$(6\text{-}29)$$

在多因素试验中，各试验因素之间有时能联合起来起到交互作用，故式（6-28）和式（6-29）中均包含各试验因素相互之间的交互项，如 X_1X_2 表示混合时间 X_1 和物料装载率 X_2 的交互项；上述回归模型中，X_1^2、X_2^2、X_3^2、X_4^2 分别表示混合时间的平方项、物料装载率的平方项、筒体转速的平方项、桨叶回转半径的平方项，同时为简练起见，本节后续部分内容直接用上述符号表示对应的交互项或平方项。

为研究和分析各试验因素对变异系数 U_1、净功耗 U_2 的影响程度，运用 Design-Expert 软件分别对式（6-28）和式（6-29）进行方差分析，结果分别见表 6-15 和表 6-16 中各自斜线左侧数据。

表6-15　变异系数 U_1 方差分析

变异来源	平方和	自由度	均方	F 值	p 值
模型	166.44/166.41	14/12	11.89/13.87	72.80/92.05	<0.0001/<0.0001
X_1	17.78/17.78	1/1	17.78/17.78	108.91/118.06	<0.0001/<0.0001
X_2	26.71/26.71	1/1	26.71/26.71	163.58/177.32	<0.0001/<0.0001
X_3	25.92/25.92	1/1	25.92/25.92	158.71/172.04	<0.0001/<0.0001
X_4	12.47/12.47	1/1	12.47/12.47	76.37/82.78	<0.0001/<0.0001
X_1X_2	5.78/5.78	1/1	5.78/5.78	35.42/38.40	<0.0001/<0.0001
X_1X_3	5.81/5.81	1/1	5.81/5.81	35.57/38.55	<0.0001/<0.0001
X_1X_4	0.01/	1/	0.01/	0.06/	0.8070/
X_2X_3	4.52/4.52	1/1	4.52/4.52	27.65/29.98	<0.0001/<0.0001
X_2X_4	4.02/4.02	1/1	4.02/4.02	24.62/26.69	<0.0001/<0.0001
X_3X_4	0.03/	1/	0.03/	0.16/	0.6961/
X_1^2	14.81/14.81	1/1	14.81/14.81	90.67/98.28	<0.0001/<0.0001
X_2^2	34.63/34.63	1/1	34.63/34.63	212.04/229.85	<0.0001/<0.0001
X_3^2	13.12/13.12	1/1	13.12/13.12	80.32/87.06	<0.0001/<0.0001
X_4^2	0.85/0.85	1/1	0.85/0.85	5.19/5.62	0.0333/0.0265

续表

变异来源	平方和	自由度	均方	F 值	p 值
残差	3.43/3.46	21/23	0.16/0.15		
失拟	2.05/2.08	10/12	0.20/0.17	1.63/1.38	0.2167/0.2990
纯误差	1.38/1.38	11/11	0.13/0.13		
总和	169.87/169.87	35/35			

表 6-16　净功耗 U_2 方差分析

变异来源	平方和	自由度	均方	F 值	p 值
模型	22 848.01/22 756.04	14/8	1 632.00/2 844.51	71.46/134.36	<0.000 1/<0.000 1
X_1	17 324.70/17 324.70	1/1	17 324.70/17 324.70	758.55/818.36	<0.000 1/<0.000 1
X_2	1 104.60/1 104.60	1/1	1 104.60/1 104.60	48.36/52.18	<0.000 1/<0.000 1
X_3	3 386.75/3 386.75	1/1	3 386.75/3 386.75	148.29/159.98	<0.000 1/<0.000 1
X_4	100.04/100.04	1/1	100.04/100.04	4.38/4.73	0.048 7/0.038 7
X_1X_2	9.42/	1/	9.42/	0.41/	0.527 6/
X_1X_3	186.87/186.87	1/1	186.87/186.87	8.18/8.83	0.009 4/0.006 2
X_1X_4	55.65/	1/	55.65/	2.44/	0.133 5/
X_2X_3	0.56/	1/	0.56/	0.02/	0.877 6/
X_2X_4	17.77/	1/	17.77/	0.78/	0.387 8/
X_3X_4	8.44/	1/	8.44/	0.37/	0.549 8/
X_1^2	389.44/389.44	1/1	389.44/389.44	17.05/18.40	0.000 5/0.000 2
X_2^2	154.15/154.15	1/1	154.15/154.15	6.75/7.28	0.016 8/0.011 9
X_3^2	109.50/109.50	1/1	109.50/109.50	4.79/5.17	0.040 0/0.031 1
X_4^2	0.13/	1/	0.13/	5.57×10^{-3}/	0.940 4/
残差	479.62/571.59	21/27	22.84/21.17		
失拟	316.32/408.28	10/16	31.63/25.52	2.13/1.72	0.115 3/0.182 9
纯误差	163.31/163.31	11/11	14.85/14.85		
总和	23 327.63/23 327.63	35/35			

由表 6-15 和表 6-16 中各自斜线左侧数据可知，两项评价指标的失拟项均不显著、回归模型均极显著（$p<0.0001$），表明组合桨叶的滚筒式全混合日粮混合机试验设计方案正确且对试验结果进行分析具有实际意义；对于变异系数 U_1，

混合时间 X_1、物料装载率 X_2、筒体转速 X_3、桨叶回转半径 X_4、X_1X_2、X_1X_3、X_2X_3、X_2X_4、X_1^2、X_2^2、X_3^2 极显著，X_4^2 显著，X_1X_4、X_3X_4 不显著；对于净功耗 U_2，X_1、X_2、X_3、X_1X_3、X_1^2 极显著，X_4、X_2^2、X_3^2 显著，X_1X_2、X_1X_4、X_2X_3、X_2X_4、X_3X_4、X_4^2 不显著；这说明拟合的回归模型 [式（6-28）和式（6-29）] 有待改进，应该将回归模型缩减，因此应逐个剔除最不显著回归系数所对应的变量，并将其平方和和自由度并入误差项再重新拟合回归模型。在分别保证变异系数 U_1、净功耗 U_2 回归模型均显著、失拟项均不显著的基础上，经多次重新计算后，得出相应的各试验因素编码值对变异系数 U_1、净功耗 U_2 影响的简化回归模型 [式（6-30）和式（6-31）] 和方差分析结果（表6-15 和表6-16 中各自斜线右侧数据）。

$$U_1 = 5.81 - 0.86X_1 - 1.06X_2 - 1.04X_3 - 0.72X_4 + 0.68X_1^2 + 1.04X_2^2 + 0.64X_3^2 + 0.16X_4^2$$
$$+ 0.60X_1X_2 + 0.60X_1X_3 + 0.53X_2X_3 + 0.50X_2X_4 \tag{6-30}$$

$$U_2 = 97.20 + 26.87X_1 + 6.78X_2 + 11.88X_3 + 2.04X_4 - 3.49X_1^2 - 2.19X_2^2 - 1.85X_3^2 + 3.42X_1X_3 \tag{6-31}$$

由 Design-Expert 软件获得式（6-30）和式（6-31）的决定系数分别为 0.9796 和 0.9755，说明上述简化回归模型和试验结果拟合程度较好，试验误差较小，可在试验范围内用于预测组合桨叶的滚筒式全混合日粮混合机变异系数 U_1、净功耗 U_2 的变化情况。

3. 试验因素对评价指标的影响主次分析

为了分析各回归项对评价指标的影响大小，需要根据经多次重新计算后的方差分析中各回归项对应的 F 值大小进行判定。

经分别对比表6-15 和表6-16 中各自斜线右侧数据对应各回归项 F 值大小可知：各试验因素对变异系数 U_1 的影响显著，且由大到小依次为物料装载率 X_2、筒体转速 X_3、混合时间 X_1、桨叶回转半径 X_4，其余显著回归项中的交互项和平方项对变异系数 U_1 的影响由大到小依次为 X_2^2、X_1^2、X_3^2、X_1X_3、X_1X_2、X_2X_3、X_2X_4、X_4^2；各试验因素对净功耗 U_2 的影响显著，且由大到小依次为混合时间 X_1、筒体转速 X_3、物料装载率 X_2、桨叶回转半径 X_4，其余显著回归项中的交互项和平方项对净功耗 U_2 的影响由大到小依次为 X_1^2、X_1X_3、X_2^2、X_3^2。

4. 试验因素对评价指标的影响效应分析

为了更直观地分析组合桨叶的滚筒式全混合日粮混合机各试验因素与评价指标之间的立体关系，根据各回归项对评价指标影响的大小顺序，并结合简化回归模型 [式（6-30）和式（6-31）]，用降维法将任意两个试验因素固定在零水平，得到另外两个试验因素与评价指标之间的降维回归模型，运用 Design-Expert 软件绘制出相应的响应曲面，结果如图6-29 所示。

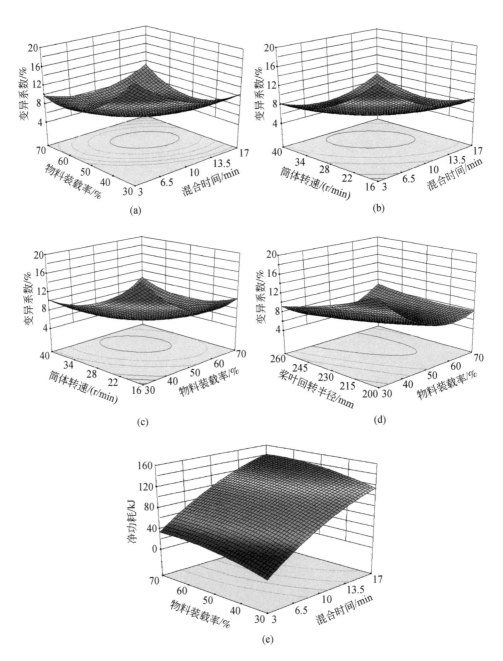

图 6-29　各交互作用对评价指标影响的响应曲面

在试验范围内，将筒体转速和桨叶回转半径均分别取各自零水平对应的实际值时，得到物料装载率和混合时间的交互作用对变异系数 U_1 的影响，如图 6-29（a）

所示。由图 6-29（a）中颜色分布规律可知：物料装载率和混合时间的交互作用对变异系数的影响为下凹形曲面；当混合时间一定时，变异系数随物料装载率的增加呈现出先减小后增大的趋势，且变化幅度随混合时间的增加呈现出先逐渐加剧后逐渐减缓的规律；当物料装载率一定时，变异系数随混合时间的增加呈现出先减小后增大的趋势，且变化幅度随物料装载率的增加呈现出先逐渐加剧后逐渐减缓的规律。

在试验范围内，将桨叶回转半径和物料装载率均分别取各自零水平对应的实际值时，得到筒体转速和混合时间的交互作用对变异系数 U_1 的影响，如图 6-29（b）所示。由图 6-29（b）中颜色分布规律可知：筒体转速和混合时间的交互作用对变异系数的影响为下凹形曲面；当混合时间一定时，变异系数随筒体转速的增加呈现出先减小后增大的趋势，且变化幅度随混合时间的增加呈现出先逐渐加剧后逐渐减缓的规律；当筒体转速一定时，变异系数随混合时间的增加呈现出先减小后增大的趋势，且变化幅度随筒体转速的增加呈现出先逐渐加剧后逐渐减缓的规律。

在试验范围内，将混合时间和桨叶回转半径均分别取各自零水平对应的实际值时，得到筒体转速和物料装载率的交互作用对变异系数 U_1 的影响，如图 6-29（c）所示。由图 6-29（c）中颜色分布规律可知：筒体转速和物料装载率的交互作用对变异系数的影响为下凹形曲面；当物料装载率一定时，变异系数随筒体转速的增加呈现出先减小后增大的趋势，且变化幅度随物料装载率的增加呈现出先逐渐加剧后逐渐减缓的规律；当筒体转速一定时，变异系数随物料装载率的增加呈现出先减小后增大的趋势，且变化幅度随筒体转速的增加而逐渐减缓。

在试验范围内，将筒体转速和混合时间均分别取各自零水平对应的实际值时，得到桨叶回转半径和物料装载率的交互作用对变异系数 U_1 的影响，如图 6-29（d）所示。由图 6-29（d）中颜色分布规律可知：桨叶回转半径和物料装载率的交互作用对变异系数的影响为下凹形曲面；在该交互作用中，物料装载率对变异系数的响应相对于桨叶回转半径对变异系数的响应变化更为陡峭，说明变异系数受物料装载率的影响大于桨叶回转半径，这与各试验因素对变异系数影响的大小顺序相一致；当桨叶回转半径一定时，变异系数随物料装载率的增加呈现出先减小后增大的趋势，且变化幅度随桨叶回转半径的增加而逐渐减缓；当物料装载率取值较小时，变异系数随桨叶回转半径的增加而减小，且变化幅度随物料装载率的增加而逐渐减缓；当物料装载率取值较大时，变异系数随桨叶回转半径的增加而增大，且变化幅度随物料装载率的增加而逐渐加剧。

在试验范围内，将桨叶回转半径和物料装载率均分别取各自零水平对应的实际值时，得到筒体转速和混合时间的交互作用对净功耗 U_2 的影响，如图 6-29（e）所示。由图 6-29 (e) 中颜色分布规律可知：在筒体转速和混合时间的交互作用中，混合时间对净功耗的响应相对于筒体转速对净功耗的响应变化更为陡峭，说明净功耗受混合时间的影响大于筒体转速，这与各试验因素对净功耗影响的大小顺序相一致；当混合时间一定时，净功耗总体上随筒体转速的增加而增大，且变化幅度随混合时间的增加而逐渐加剧；当筒体转速一定时，净功耗总体上随混合时间的增加而增大，且变化幅度随筒体转速的增加而逐渐加剧。

5. 参数优化与试验验证

由上述分析可知，组合桨叶的滚筒式全混合日粮混合机的各试验因素对各评价指标的影响各不相同，为寻求该机获得最佳混合性能时的作业参数组合，需要对评价指标的简化回归模型进行有约束多目标优化求解。期望优化结果满足变异系数 $C_V \leqslant 10\%$，同时为提高生产率，将物料装载率的变化范围设为 $50\% \sim 70\%$。以上述条件为前提，以混合时间 $3 \sim 17\text{min}$、筒体转速 $16 \sim 40\text{r/min}$、桨叶回转半径 $200 \sim 260\text{mm}$ 为约束条件，以简化回归模型为目标函数，以变异系数最小、净功耗最小为优化目标，建立非线性规划数学模型，运用 Design-Expert 软件中的优化模块对其进行求解。考虑到组合桨叶的滚筒式全混合日粮混合机在实际工况下试验因素取值的可操作性，则从多个参数优化结果中选取最佳组合的圆整结果为混合时间 3.5min、物料装载率 66%、筒体转速 29r/min、桨叶回转半径 236mm，此时对应的变异系数、净功耗预测值分别为 8.80%、31.34kJ。

为检验圆整优化结果的可靠性，对其进行试验验证，得出此时对应的变异系数、净功耗实测值分别为 7.02%、32.62kJ，由此可得出对应变异系数、净功耗的实测值与预测值之间的相对误差分别为 2.54%、3.92%，这说明简化回归模型和圆整优化结果均是可靠的。

对比分析组合桨叶的滚筒式全混合日粮混合机与有抄板的滚筒式全混合日粮混合机的优化结果可知，在满足混合质量要求的条件下，组合桨叶的滚筒式全混合日粮混合机的净功耗降低了 3.31%。对上述两种机型的优化结果进行对比分析，见表 6-17。

表 6-17 组合桨叶/有抄板的滚筒式全混合日粮混合机优化结果对比

机型	筒体转速/(r/min)	物料装载率/%	混合时间/min	机组空载功耗/kJ	机组负荷功耗/kJ
组合桨叶	29	66	3.5	21.97	54.59
有抄板	23.5	65	4	27.90	61.63

由表 6-17 可知，上述两种机型优化结果中的物料装载率大体一致，组合桨叶的滚筒式全混合日粮混合机的混合时间较短、机组空载功耗和机组负荷功耗均较小。

在对组合桨叶的滚筒式全混合日粮混合机实施预试验的过程中，测得该机在众多不同参数组合下的物料残留率均满足文献资料中的评定标准，故本节仍未将物料残留率作为评价指标予以研究。根据组合桨叶的滚筒式全混合日粮混合机的试验效果可知，筒体内残留物料多集中于相邻两块周向壁板的交界处。参照本节测定物料残留率的具体操作步骤，得出组合桨叶的滚筒式全混合日粮混合机圆整后的最佳参数组合方案所对应的物料残留率为 0.067%，该值满足文献资料中的评定标准，且优于有抄板的滚筒式全混合日粮混合机对应的物料残留率。同时经对比组合桨叶机型和有抄板机型的结构特点可知，组合桨叶的滚筒式全混合日粮混合机筒体内残留物料的清理工作难度较小。

综合上述分析结果可知，组合桨叶的滚筒式全混合日粮混合机的混合状况总体优于有抄板的滚筒式全混合日粮混合机。

参 考 文 献

曹志军 . 2007. 日粮粒度与饲喂模式对奶牛咀嚼行为和代谢规律的研究及 DGS 营养价值评析
　　[D]. 北京：中国农业大学 .

陈海涛，明向兰，刘爽，等 . 2015. 废旧棉与水稻秸秆纤维混合地膜制造工艺参数优化 [J].
　　农业工程学报，31（13）：292-300.

陈辉，赵先琼，刘义伦，等 . 2015. 转筒内 D 型二元颗粒物料滚落模式的径向分离 [J]. 农业
　　机械学报，46（6）：334-340.

陈顺方，钟文远，钱晓农 . 1998. 空白试验在莫尔法中的应用 [J]. 昭通师专学报，20（3-
　　4）：140-142.

陈伟旭，刘希峰，李含锋 . 2007. 卧式全混合日粮机工作装置的设计 [J]. 农机化研究，(4)：
　　84-86.

陈秀宁 . 2006. 机械设计基础（第 2 版）[M]. 杭州：浙江大学出版社 .

陈玉华，田富洋，闫银发，等 . 2017. 国内外 TMR 饲喂技术及其制备机的研究进展 [J]. 中国
　　农机化学报，38（12）：19-29.

陈争光 . 2014. 玉米秸秆皮穰分离机构的试验研究及机理分析 [D]. 哈尔滨：东北农业大学 .

陈争光，王德福，李利桥，等 . 2012. 玉米秸秆皮拉伸和剪切特性试验 [J]. 农业工程学报，
　　28（21）：59-65.

陈志平，章序文，林兴华，等 . 2004. 搅拌与混合设备设计选用手册 [M]. 北京：化学工业出
　　版社 .

程尧，方雷，石报荣 . 2009. 农作物秸秆物料特性及粉碎设备的研究 [J]. 贵州大学学报（自
　　然科学版），26（3）：86-89，99.

崔海星，赵青，关明杰，等 . 2011. 基于数字散斑相关方法的竹胶合薄板弹性变形分析 [J].
　　林业科技开发，25（6）：35-38.

崔涛，刘佳，杨丽，等 . 2013. 基于高速摄像的玉米种子滚动摩擦特性试验与仿真 [J]. 农业
　　工程学报，29（15）：34-41.

崔涛，刘佳，张东兴，等 . 2012. 基于 ANSYS 和 ADAMS 的玉米茎秆柔性体仿真 [J]. 农业机
　　械学报，43（增刊）：112-115.

邓薇 . 2012. MATLAB 函数全能速查宝典 [M]. 北京：人民邮电出版社 .

丁启朔，任骏，BELAL E A，等 . 2017. 湿粘水稻土深松过程离散元分析 [J]. 农业机械学报，
　　48（3）：38-48.

董欣，刘立意，李文哲，等 . 2012. 卧辊式玉米秸秆调质装置调质功耗试验 [J]. 农业机械学
　　报，43（增刊）：198-201.

段斌修 . 2000. 圆筒混合机电机功率的计算［J］. 武钢技术，38（2）：32-35.

樊志华，王春鸿 . 2010. 一种无需乘法器的光斑质心定位方法［J］. 光电工程，37（12）：17-24.

冯静安，张宏文，梅卫江，等 . 2009. 立式 TMR 搅拌机的混合原理及其搅龙参数的设计［J］. 石河子大学学报（自然科学版），27（4）：503-506.

冯俊小，林佳，李十中，等 . 2015. 秸秆固态发酵回转筒内颗粒混合状态离散元参数标定［J］. 农业机械学报，46（3）：208-213.

付开进 . 2016. 大型半自磨机磨矿性能仿真及参数优化［D］. 长春：吉林大学 .

高红利，陈友川，赵永志，等 . 2011. 薄滚筒内二元湿颗粒体系混合行为的离散单元模拟研究［J］. 物理学报，2011，60（12）：325-332.

高振江，李辉，蒙贺伟 . 2013. 基于全混合日粮饲喂技术的精饲料精确饲喂模式［J］. 农业工程学报，29（7）：148-154.

耿凡，徐大勇，袁竹林，等 . 2008a. 滚筒干燥器中杆状颗粒混合特性的三维数值模拟［J］. 东南大学学报（自然科学版），38（1）：116-122.

耿凡，徐大勇，袁竹林，等 . 2008b. 滚筒干燥器中颗粒混合运动的三维数值模拟［J］. 应用力学学报，25（3）：529-534.

郭冬生，彭小兰 . 2011. 不同精粗比全混合日粮对奶牛产奶性能和牛奶品质的影响［J］. 西南农业学报，24（1）：297-300.

郭丽峰 . 2014. 立式圆盘大豆排种器型孔优化设计与试验研究［D］. 哈尔滨：东北农业大学 .

郭庆贺 . 2016. 肉羊饲料混合搅拌机混料系统的优化与试验研究［D］. 石河子：石河子大学 .

哈尔滨工业大学理论力学研究室 . 2009. 理论力学［M］. 北京：高等教育出版社 .

何芳，柏雪源，李永军，等 . 2004. 颗粒和粉体混合物沿斜管运动计算和参数测定［J］. 农机化研究，（1）：113-116.

赫英飞 . 2007. 不同粗饲料配比对奶牛消化代谢和生产性能的影响［D］. 哈尔滨：东北农业大学 .

胡陈枢，罗坤，樊建人，等 . 2015. 滚筒内二组元颗粒混合与分离的数值模拟［J］. 工程热物理学报，36（9）：1947-1951.

胡国明 . 2010. 颗粒系统的离散元素法分析仿真–离散元素法的工业应用与 EDEM 软件简介［M］. 武汉：武汉理工大学出版社 .

胡建平，周春健，侯冲，等 . 2014. 磁吸板式排种器充种性能离散元仿真［J］. 农业机械学报，45（2）：94-98.

胡文辉 . 2005. 工业化反刍饲料的现状及发展前景展望［J］. 饲料与养殖，（11）：44-45.

胡志超 . 2011. 半喂入花生联合收获机关键技术研究［D］. 南京：南京农业大学 .

胡志超，王海鸥，彭宝良，等 . 2012. 半喂入花生摘果装置优化设计与试验［J］. 农业机械学报，43（增刊）：131-136.

黄涛 . 2016. 饲料加工工艺与设备［M］. 北京：中国农业出版社 .

霍丽丽，孟海波，田宜水，等 . 2012. 粉碎秸秆类生物质原料物理特性试验［J］. 农业工程学报，28（11）：189-195.

霍丽丽, 田宜水, 赵立欣, 等. 2011. 农作物秸秆原料物理特性及测试方法研究 [J]. 可再生能源, 29 (6): 86-92.

霍丽丽, 赵立欣, 田宜水, 等. 2013. 生物质颗粒燃料成型的黏弹性本构模型 [J]. 农业工程学报, 29 (9): 200-206.

贾富国, 韩燕龙, 刘扬, 等. 2014. 稻谷颗粒物料堆积角模拟预测方法 [J]. 农业工程学报, 30 (11): 254-260.

江茂强. 2010. 双锥型混合器内颗粒混合及增混机理研究 [D]. 杭州: 浙江大学.

蒋恩臣. 2011. 畜牧业机械化 (第四版) [M]. 北京: 中国农业出版社.

金辉霞, 柏娜, 杨格兰. 2013. 转筒内颗粒混合过程的 DEM 仿真研究 [J]. 控制工程, 20 (3): 566-570.

金伟亮. 2015. 螺旋带式动物饲料搅拌机的结构设计与研究 [D]. 合肥: 安徽农业大学.

雷军乐, 王德福, 张全超, 等. 2015. 完整稻秆卷压过程应力松弛试验 [J]. 农业工程学报, 31 (8): 76-83.

雷军乐. 2015. 钢辊式圆捆机卷捆过程分析与试验研究 [D]. 哈尔滨: 东北农业大学.

李春雷. 2014. 奶牛常用粗饲料营养价值评定 [D]. 哈尔滨: 东北农业大学.

李洪昌. 2011. 风筛式清选装置理论及试验研究 [D]. 镇江: 江苏大学.

李利桥. 2014. 玉米秸秆茎叶分离机构的试验研究 [D]. 哈尔滨: 东北农业大学.

李利桥, 王德福, 江志国, 等. 2017. 转筒式全混合日粮混合机混合均匀度不同检测方法的对比分析 [J]. 甘肃农业大学学报, 52 (3): 136-139.

李利桥, 王德福, 李超, 等. 2017. 转筒与桨叶组合式日粮混合机设计与试验优化 [J]. 农业机械学报, 48 (10): 69-77.

李利桥, 王德福, 李超. 2017. 回转式日粮混合机混合机理分析与性能试验优化 [J]. 农业机械学报, 48 (8): 123-132.

李龙. 2012. 9JQL-8.0 牵引型 TMR 饲料搅拌机搅龙的设计与分析 [D]. 呼和浩特: 内蒙古农业大学.

李明华. 2007. 奶牛全混合日粮技术应用效果及配方优化的研究 [D]. 呼和浩特: 内蒙古农业大学.

李少华, 张立栋, 张轩, 等. 2011. 回转式干馏炉内影响颗粒混合运动因素的数值分析 [J]. 中国电机工程学报, 31 (2): 32-38.

李霞镇, 任海青, 马少鹏. 2011. 基于 DSCM 的竹材顺纹抗拉弹性模量测定 [J]. 南京林业大学学报 (自然科学版), 35 (6): 107-110.

李霞镇, 任海青, 马少鹏. 2012. 基于数字散斑相关方法的竹材变形特性 [J]. 林业科学, 48 (9): 115-119.

李洋. 2015. 玉米风筛清选装置内气固两相运动规律研究 [D]. 哈尔滨: 东北农业大学.

李延民, 韩枫钦, 赵烨. 2014. 斜轴式高效混料机关键技术参数分析 [J]. 机械设计与制造, (12): 105-108.

李永军, 何芳, 柏雪源, 等. 2003. 颗粒和粉体混合物沿斜滑道的滑动摩擦系数 [J]. 山东理工大学学报 (自然科学版), 17 (4): 10-12.

刘宏涛，马俊贵.2015.9TMR-5 型全混合日粮搅拌机的研制［J］.新疆农机化，(1)：21-22.

刘宏新，王福林.2008.立式圆盘排种器工作过程的高速影像分析［J］.农业机械学报，39 (4)：60-64，46.

刘宏新，徐晓萌，刘俊孝，等.2016.利用高速摄像及仿真分析立式浅盆型排种器工作特性［J］.农业工程学报，32 (2)：13-19.

刘鸿文.2004.材料力学［M］.北京：高等教育出版社.

刘怀纯.2013.TMR 饲料搅拌机的种类和选择［J］.农业机械，(13)：131-132.

刘江涛，张志杰.2009.单轴卧式全混合日粮混合机加工性能试验研究［J］.西北农林科技大学学报：自然科学版，37 (7)：218-222，228.

刘梅英，谭鹤群，牛智有，等.2008.基于 Pro/E 的单轴桨叶式混合机转子的三维建模［J］.农机化研究，(6)：69-71.

刘梅英，宗力，林新.2009.UG 在单轴桨叶式混合机桨叶设计中的应用［J］.粮油加工，(2)：102-104.

刘庆庭，区颖刚，卿上乐，等.2007.农作物茎秆的力学特性研究进展［J］.农业机械学报，38 (7)：172-176.

刘希锋，宋秋梅，闫景凤.2009.全混合日粮搅拌机的性能分析与评价［J］.农机化研究，(11)：80-82.

刘扬，韩燕龙，贾富国，等.2015.椭球颗粒搅拌运动及混合特性的数值模拟研究［J］.物理学报，64 (11)：258-265.

楼楠琴.1982.关于筒仓设计若干问题的探讨［J］.饲料机械，(2)：34-37.

吕金庆，尚琴琴，杨颖，等.2016.马铃薯杀秧机设计优化与试验［J］.农业机械学报，47 (5)：106-114，98.

孟海波，韩鲁佳.2003.秸秆物料的特性及其加工利用研究现状与应用前景［J］.中国农业大学学报，8 (6)：38-41.

欧阳鸿武，何世文，廖奇音，等.2004.圆筒型混合器中颗粒混合运动的研究［J］.中南大学学报：自然科学版，35 (1)：26-30.

潘健平.2006.带倾斜抄板的水平转鼓内的颗粒输送特性研究［D］.北京：清华大学.

庞声海，饶应昌.1989.配合饲料机械［M］.北京：农业出版社.

彭飞.2017.小型制粒系统优化设计与试验研究［D］.北京：中国农业大学.

彭飞，康宏彬，王红英，等.2016.小型轴向多点进气式饲料制粒调质器设计与试验［J］.农业机械学报，47 (11)：121-127.

彭飞，李腾飞，康宏彬，等.2016.小型制粒机喂料器参数优化与试验［J］.农业机械学报，47 (2)：51-58.

濮良贵，陈国定，吴立言.2013.机械设计［M］.北京：高等教育出版社.

邱菊.2004.圆盘真空过滤机主要结构的改造［J］.煤炭加工与综合利用，(2)：33-34.

曲志涛.2012.粗饲料组成和生产水平对羊草净能的影响及不同品种玉米净能值的测定［D］.哈尔滨：东北农业大学.

任广跃，王红英，于庆龙，等.2003.双轴桨叶式混合机的混合性能及其发展前景分析［J］.

粮食与饲料工业, (7): 23-24, 31.

任广跃, 王红英, 于庆龙, 等. 2004. 翻转卸料双轴桨叶饲料混合机工作性能试验研究 [J]. 农业工程学报, 20 (2): 132-135.

尚凤娇. 2016. 羊用撒料试验台设计与试验 [D]. 石河子: 石河子大学.

沈再春. 1993. 农产品加工机械与设备 [M]. 北京: 中国农业出版社.

宋秋梅, 陶继哲, 郭英洲. 2011. 卧式三搅龙全混日粮搅拌机的使用与维护 [J]. 农机使用与维修, (4): 55.

孙其诚, 厚美瑛, 金峰, 等. 2011. 颗粒物质物理与力学 [M]. 北京: 科学出版社.

孙其诚, 王光谦. 2009. 颗粒物质力学导论 [M]. 北京: 科学出版社.

孙伟, 吴建民, 黄晓鹏, 等. 2011. 2BFM-5 型山地免耕播种机的设计与试验 [J]. 农业工程学报, 27 (11): 26-31.

唐赛涌. 2009. 青贮玉米与稻秸之间组合效应的研究 [D]. 哈尔滨: 东北农业大学.

陶宇浩. 2015. 基于离散元方法的颗粒混合数值模拟分析 [D]. 南京: 南京理工大学.

陶珍东, 郑少华. 2010. 粉体工程与设备 (第2版) [M]. 北京: 化学工业出版社.

田立权. 2017. 弹射式耳勺型水稻芽种播种装置机理分析与试验研究 [D]. 哈尔滨: 东北农业大学.

田宜水, 姚宗路, 欧阳双平, 等. 2011. 切碎农作物秸秆理化特性试验 [J]. 农业机械学报, 42 (9): 124-128.

万霖, 车刚, 汪春, 等. 2010. 三轴卧式 TMR 饲料车的设计及运动仿真 [J]. 农机化研究, (11): 95-98.

王德福. 2006. 双轴卧式全混合日粮混合机的混合机理分析 [J]. 农业机械学报, 37 (8): 178-182.

王德福. 2007. 粗纤维饲料粒度评价装置的试验研究 [J]. 农业工程学报, 23 (2): 128-131.

王德福, 蒋亦元. 2006. 双轴卧式全混合日粮混合机的试验研究 [J]. 农业工程学报, 22 (4): 85-88.

王德福, 王吉权. 2008. 单卧轴全混日粮混合机的试验 [J]. 农业机械学报, 39 (6): 205-207.

王德福, 于克强. 2008. 单轴卧式全混日粮混合机工作原理及参数优化 [J]. 东北农业大学学报, 39 (5): 128-130.

王德福, 张建军. 2008. 双轴全混合日粮混合机的试验研究 [J]. 中国农业大学学报, 13 (1): 85-88.

王德福, 张全国. 2007. 全混合日粮混合质量评价指标试验方法的研究 [J]. 农业工程学报, 23 (5): 126-129.

王德福, 李超, 李利桥, 等. 2017. 叶板式饲料混合机混合机理分析与参数优化 [J]. 农业机械学报, 48 (12): 98-104.

王德福, 张全超, 杨星, 等. 2016. 秸秆圆捆机捆绳机构的参数优化与试验 [J]. 农业工程学报, 32 (14): 55-61.

王根林. 2006. 养牛学 (第2版) [M]. 北京: 中国农业出版社.

王国强, 郝万军, 王继新.2010. 离散单元法及其在 EDEM 上的实践［M］. 西安：西北工业大学出版社.

王剑.2013. 不同粗精比全混合日粮对奶牛相关生理指标影响［D］. 呼和浩特：内蒙古农业大学.

王金峰, 王金武, 何剑南.2012. 深施型液态施肥装置施肥过程高速摄像分析［J］. 农业机械学报, 43（4）：55-59.

王金武, 唐汉, 王金峰, 等.2017. 悬挂式水田单侧修筑埂机数值模拟分析与性能优化［J］. 农业机械学报, 48（8）：72-80.

王立军, 蒋恩臣, 李瑰贤.2008.4ZTL-1800 收获机惯性沉降分离室工作机理［J］. 农业工程学报, 24（9）：108-110.

王立军, 李洋, 梁昌, 等.2015. 贯流风筛清选装置内玉米脱出物运动规律研究［J］. 农业机械学报, 46（9）：122-127.

王亮.2014. 高寒地区水稻秸秆青贮方式及饲喂奶牛效果的研究［D］. 哈尔滨：东北农业大学.

王瑞芳, 李占勇, 窦如彪, 等.2013. 水平转筒内大豆颗粒随机运动与混合特性模拟［J］. 农业机械学报, 44（6）：93-99.

王伟民.2008. 不同精粗比玉米青贮和水稻秸青贮饲喂奶牛效果比较研究［D］. 哈尔滨：东北农业大学.

王晓帆.2016. 利用 FTIR 技术评定玉米青贮蛋白质营养价值的研究［D］. 哈尔滨：东北农业大学.

王志明, 吕彭民, 陈霓, 等. 横置差速轴流脱分选系统设计与试验［J］. 农业机械学报, 2016, 47（12）：53-61.

吴力荣, 何斌吾.2007. 几类特殊几何体的迷向常数［J］. 上海大学学报（自然科学版）, 13（1）：41-46.

吴硕.2016. 番茄秸秆混料立式螺旋带式混合方法及性能试验研究［D］. 镇江：江苏大学.

吴艳泽, 夏吉庆, 康德福.2011. 奶牛全混合日粮混合机卸料机构的研制［J］. 东北农业大学学报, 42（11）：89-92.

吴艳泽.2011. 奶牛全混合日粮混合机的试验研究［D］. 哈尔滨：东北农业大学.

吴永忠, 张飞.2016. 不同截面形状的离网风力机塔筒静态性能研究［J］. 内蒙古科技与经济,（3）：124-125, 127.

武红剑, 王德成, 宫泽奇, 等.2015. 基于 EDEM 的青贮收获机抛送装置优化设计［J］. 中国奶牛,（18）：44-47.

谢传锋, 王琪.2009. 理论力学［M］. 北京：高等教育出版社.

谢凡.2014. 肉羊饲喂混合搅拌机混料系统结构设计与研究［D］. 石河子：石河子大学.

熊诗波, 黄长艺.2006. 机械工程测试技术基础（第3版）［M］. 北京：机械工业出版社.

徐中儒.1998. 回归分析与试验设计［M］. 北京：中国农业出版社.

许维维, 魏镜弢, 吴张永, 等.2016. 立式搅拌磨机正多边形筒形结构研究［J］. 昆明理工大学学报（自然科学版）, 41（4）：59-62.

闫明, 段文山, 陈琼, 等.2016. 不同形状混合器中二元颗粒的分聚与混合研究［J］. 力学学报，48（1）：64-75.

闫瑞．2012. TMR 搅拌时间和苜蓿添加量对奶牛采食量、咀嚼活动和生产性能的影响［D］．泰安：山东农业大学．

严清．2014. HFFQ9HLP-12 全混合日粮搅拌车设计［J］．机械工程师，（1）：65-66.

阳恩勇．2015. 回转筒中散料混合均匀性实验及离散元仿真研究［D］．湘潭：湘潭大学．

杨路．2012. 随车起重运输车壁架设计要素［J］．商用汽车，（8）：56-59.

杨然兵，范玉滨，尚书旗，等．2016.4HBL-2 型花生联合收获机复收装置设计与试验［J］．农业机械学报，47（9）：115-120，107.

杨然兵，杨红光，尚书旗，等．2016. 拨辊推送式马铃薯收获机设计与试验［J］．农业机械学报，47（7）：119-126.

杨星，于克强，王德福．2017. 基于 EDEM 的转轮式 TMR 混合机混合性能数值模拟［J］．农机化研究，（3）：218-223.

杨膺白．2009. TMR 日粮与现代饲养观念和技术的结合［J］．中国草食动物，29（5）：54-55.

尹小琴，赵守明，谢俊，等．2010. 双卧轴搅拌机叶片安装角的理论分析［J］．武汉理工大学学报，32（19）：141-144.

于康震．2013. 加快转变生产方式 保障牛羊肉有效供给［J］．养殖与饲料，（9）：40.

于康震．2013. 农业部副部长于康震：加快转变生产方式保障牛羊肉有效供给［J］．现代畜牧兽医，（9）：5.

于康震．2015. 坚定信心 狠抓落实 加快现代畜牧业建设步伐［J］．中国畜牧业，（14）：25-29.

于克强．2015. 转轮式全混合日粮混合机混合机理分析及试验研究［D］．哈尔滨：东北农业大学．

于克强，何勋，李利桥，等．2015. 全混合日粮混合均匀度检测方法的试验研究［J］．沈阳农业大学学报，46（4）：440-448.

于克强，李利桥，何勋，等．2015. 转轮式全混合日粮混合机试验设计与机理分析［J］．农业机械学报，46（7）：109-117.

于震．2007. CNCPS 在奶牛日粮评价和生产预测上的应用［D］．哈尔滨：东北农业大学．

袁志发，周静芋．2000. 试验设计与分析［M］．北京：高等教育出版社．

张飞，高艳强，张加丽．2008. 翻转式双轴浆叶式饲料混合机［J］．农机化研究，（2）：113-115，118.

张海根．2001. 机电传动控制［M］．北京：高等教育出版社．

张金吉．2008. TMR 中不同长度稻草和水分含量对瘤胃内环境及消化率的影响［D］．延吉：延边大学．

张立栋，李少华，朱明亮，等．2012. 回转干馏炉内抄板形式与双组元颗粒混合过程冷模数值研究［J］．中国电机工程学报，32（11）：72-78.

张立栋，于丁一，刘朝青，等．2015. 不同离心率下椭圆形滚筒内二组元颗粒混合［J］．武汉理工大学学报，37（4）：87-93.

张良均，杨坦，肖刚，等．2015. MATLAB 数据分析与挖掘实战［M］．北京：机械工业出版社．

张麟．1998. 双轴浆叶式混合机的混合机理及其结构设计探讨［J］．粮食与饲料工业，（4）：

19-21，27.

张锐，韩佃雷，吉巧丽，等 . 2017. 离散元模拟中沙土参数标定方法研究 ［J］. 农业机械学报，48（3）：49-56.

张中典，张大龙，李建明，等 . 2016. 黄瓜气孔导度、水力导度的环境响应及其调控蒸腾效应 ［J］. 农业机械学报，47（6）：139-147.

赵全刚 . 2014. 京津冀地区"全混合日粮（TMR）饲喂管理体系"的建立与应用 ［D］. 北京：中国农业科学院研究生院 .

赵永志，程易 . 2008. 水平滚筒内二元颗粒体系径向分离模式的数值模拟研究 ［J］. 物理学报，57（1）：322-328.

赵永志，张宪旗，刘延雷，等 . 2009. 滚筒内非等粒径二元颗粒体系增混机理研究 ［J］. 物理学报，58（12）：8386-8393.

赵正剑 . 2011. TMR 中不同长度的苜蓿干草以及用全棉籽替换部分精料对奶牛生产性能的影响 ［D］. 乌鲁木齐：新疆大学 .

中华人民共和国国家质量监督检验检疫总局，中国国家标准化管理委员会 . 2008. 粮油检验 玉米水分测定 ［S］. 北京：中国标准出版社 .

中华人民共和国国家质量监督检验检疫总局，中国国家标准化管理委员会 . 2009. 油料饼粕 水分及挥发物含量的测定 ［S］. 北京：中国标准出版社 .

中华人民共和国农业部 . 2010. 生物质固体成型燃料试验方法　第 2 部分：全水分 ［S］. 北京：中国农业出版社 .

中华人民共和国农业部 . 2010. 生物质固体成型燃料试验方法　第 6 部分：堆积密度 ［S］. 北京：中国农业出版社 .

周友超 . 2012. 玉米在旋转筛内的运动机理 ［J］. 粮食与食品工业，19（5）：24-26.

周又和 . 2015. 理论力学 ［M］. 北京：高等教育出版社 .

周祖锷 . 1994. 农业物料学 ［M］. 北京：中国农业出版社 .

朱立平，秦霞，袁竹林，等 . 2014. 丝状颗粒在滚筒横向截面中的传热传质特性 ［J］. 东南大学学报：自然科学版，44（4）：756-763.

朱龙根 . 2001. 机械系统设计 ［M］. 北京：机械工业出版社 .

左黎明 . 2014. 基于 CATIA 的 TMR 立式搅拌机设计及搅龙的有限元分析与仿真 ［D］. 合肥：安徽农业大学 .

左黎明，尹成龙，张军鸿 . 2014. 立式 TMR 搅拌机的搅龙设计及应力分析 ［J］. 中国农机化学报，35（5）：58-63.

Abouzeid A M, Fuerstenau D W. 2010. Mixing- demixing of particulate solids in rotating drums ［J］. International Journal of Mineral Processing, 95：40-46.

Addah W, Baah J, Okine E K, et al. 2014. Effects of chop- length and a ferulic acid esterase- producing inoculant on fermentation and aerobic stability of barley silage, and growth performance of finishing feedlot steers ［J］. Animal Feed Science and Technology, 197（2）：34-46.

Arzola- Álvarez C, Bocanegra- Viezca J A, Murphy M R, et al. 2010. Particle size distribution and chemical composition of total mixed rations for dairy cattle：Water addition and feed sampling effects

[J]. Journal of Dairy Science, 93 (9): 4180-4188.

ASABE Standards. 2011a. S303. 4: Test procedure for solids mixing equipment for animal feeds. St. Joseph, Mich. : ASABE.

ASABE Standards. 2011b. S380: Test procedure to measure mixing ability of portable farm batch mixers. St. Joseph, Mich. : ASABE.

Buckmaster D R, Wang D F, Wang H B. 2014. Assessing uniformity of total mixed rations [J]. Applied Engineering in Agriculture, 30 (5): 693-698.

Buckmaster D R. 2009. Optimizing performance of TMR mixers [J]. Tri- state Dairy Nutrition Conference, 21 (22): 105-117.

Einarson M S, Plaizier J C, Wittenberg K M. 2004. Effects of Barley Silage Chop Length on Productivity and Rumen Conditions of Lactating Dairy Cows Fed a Total Mixed Ration [J]. Journal of Dairy Science, 87 (9): 2987-2996.

Felton C A, DeVries T J. 2010. Effect of water addition to a total mixed ration on feed temperature, feed intake, sorting behavior, and milk production of dairy cows [J]. Journal of Dairy Science, 93 (6): 2651-2660.

Heinrichs J. 1996. Evaluating forages and TMRs using the Penn State Particle Size Separator [J]. Penn State Cooperative Extension Service. DAS 96-20.

Helander C, Nørgaard P, Arnesson A, et al. 2014. Effects of chopping grass silage and of mixing silage with concentrate on feed intake and performance in pregnant and lactating ewes and in growing lambs [J]. Small Ruminant Research, 116 (2-3): 78-87.

Kammel D W. 1998. Design, selection and use of TMR mixers [C] //Tri- State Dairy Nutrition Conference, (11): 11-22.

Kononoff P J, Heinrichs A J, Buckmaster D R. 2003. Modification of the Penn State forage and TMR particle separator and the effects of moisture content on its measurements [J]. Journal of Dairy Science, 86: 1858-1863.

Kwapinska M, Saage G, Tsotsas E. 2006. Mixing of particles in rotary drums: A comparison of discrete element simulations with experimental results and penetration models for thermal processes [J]. Powder Technology, 161 (1): 69-78.

Lammers B P, Buckmaster D R, Heinrichs J. 1996. A simple method for the analysis of particle sizes of forage and total mixed rations [J]. Journal of Dairy Scienc, 79: 922-928.

Liu P Y, Yang R Y, Yu A B. DEM study of the transverse mixing of wet particles in rotating drums [J]. Chemical Engineering Science, 2013, 86: 99-107.

Locurto G J, Bucklin R A, Thompson S A, et al. 2014. Soybean coefficients of friction for aluminum, glass and acrylic surfaces [J]. Applied Engineering in Agriculture, 30 (2): 285-289.

Mellmann J. 2001. The transverse motion of solids in rotating cylinders- forms of motion and transition behavior [J]. Powder Technology, 118 (3): 251-270.

Miller- Cushon E K, Devries T J. 2009. Effect of dietary dry matter concentration on the sorting behavior of lactating dairy cows fed a total mixed ration [J]. Journal of Dairy Science, 92 (7):

3292-3298.

Mäntysaari P, Khalili H, Sariola J. 2006. Effect of Feeding Frequency of a Total Mixed Ration on the Performance of High-Yielding Dairy Cows [J]. Journal of Dairy Science, 89 (11): 4312-4320.

Seppälä A, Heikkilä T, Mäki M, et al. 2013. Controlling aerobic stability of grass silage-based total mixed rations [J]. Animal Feed Science and Technology, 179 (1-4): 54-60.

Vaage A S. 2014. Which type of TMR mixer is right for you? [J]. American Cattlemen, 40 (7): 10.

Šístkova M, Pšenka M, Kaplan V, et al. 2018. The effect of individual components of total mixed ration (TMR) on precision dosing to mixer feeder wagons [J]. Journal of Microbiology Biotechnology & Food Sciences, 5 (1): 60-63.